零基础
Python
学习笔记

明日科技 编著

电子工业出版社·
Publishing House of Electronics Industry
北京·BEIJING

内 容 简 介

本书以初学者为对象，通过学习笔记的方式，系统地介绍了使用 Python 进行程序开发的应用技术。全书分为 16 章，包括 Python 编程基础、数据类型与基本运算符、顺序结构语句与条件控制语句、循环结构语句、列表和元组、字符串的常用操作、数据处理与验证、文件与 I/O、字典与集合、函数、Python 内置函数、类和对象、模块、进程和线程、网络编程、异常处理及程序调试。本书内容丰富，结合在学习过程中经常遇到的各种问题和解决方法，以及提示的要点，用学习笔记的形式进行了提炼和总结。

本书适合作为 Python 软件开发初学者的自学用书，也适合作为大中专院校相关专业的教学用书，还可以作为程序开发人员的参考资料。

图书在版编目（CIP）数据

零基础Python学习笔记 / 明日科技编著. —北京：电子工业出版社，2021.3
ISBN 978-7-121-39949-7

Ⅰ．①零… Ⅱ．①明… Ⅲ．①软件工具－程序设计 Ⅳ．①TP311.561

中国版本图书馆CIP数据核字（2020）第224805号

责任编辑：张　毅　　　　特约编辑：田学清
印　　刷：三河市兴达印务有限公司
装　　订：三河市兴达印务有限公司
出版发行：电子工业出版社
　　　　　北京市海淀区万寿路173信箱　　　　邮编：100036
开　　本：787×1092　　1/16　　印张：18.5　　字数：416千字
版　　次：2021年3月第1版
印　　次：2023年11月第4次印刷
定　　价：108.00元

凡所购买电子工业出版社图书有缺损问题，请向购买书店调换。若书店售缺，请与本社发行部联系，联系及邮购电话：（010）88254888，88258888。

质量投诉请发邮件至zlts@phei.com.cn，盗版侵权举报请发邮件至dbqq@phei.com.cn。

本书咨询联系方式：（010）57565890，meidipub@phei.com.cn。

前　言

　　1989 年，由荷兰人 Guido van Rossum 发明的一种面向对象的解释型高级编程语言被命名为 Python。Python 的中文词意为"蟒蛇"，它是一种扩充性极强的编程语言，有着丰富和强大的库，能够把用其他语言（尤其是 C/C++）制作的各种模块很轻松地结合在一起，所以又被称为"胶水"语言。Python 语法简洁、清晰，代码可读性强，编程模式符合人类的思维方式和习惯，深受编程人员的喜好和追捧。

本书内容

　　本书包含了学习 Python 从入门到高级应用开发所需的各类必备知识，全书分为 16 章，知识结构如下。

本书特点

- 由浅入深，循序渐进。本书以初、中级程序员为对象，先从 Python 基础学起，再学习面向对象、模块、进程、线程和网络编程等知识。讲解通俗易懂、图文并茂，从而使读者能够快速掌握书中内容。

- 教学视频，讲解详尽。读者可以扫码观看教学视频，根据这些教学视频更快速地学习 Python，感受编程的快乐和成就感，进一步增强学习的信心，从而快速成为编程高手。

- 实例典型，轻松易学。通过实例学习是学习 Python 最好的方法，本书在讲解知识时，通过多个实例，详尽地讲解了在实际开发中所需的各类知识。另外，为了便于读者阅读代码，快速地学习编程技能，书中的关键代码都提供了相应的注释。

- 精彩栏目，贴心提醒。本书根据需要在各章安排了很多"学习笔记"小栏目，让读者可以在学习过程中轻松地理解相关知识点及概念,快速掌握个别技术的应用技巧。

读者对象

- 初学编程的自学者。
- 编程爱好者。
- 大中专院校的老师和学生。
- 相关培训机构的老师和学生。
- 做毕业设计的学生。
- 初、中级程序开发人员。
- 程序测试及维护人员。
- 参加实习的"菜鸟"程序员。

读者服务

为了方便解决本书疑难问题，我们提供了多种服务方式，并由明日科技团队提供在线技术指导和社区服务，服务方式如下。

- 服务网站：www.mingrisoft.com。
- 服务邮箱：mingrisoft@mingrisoft.com。
- 企业 QQ：4006751066。
- QQ 群：574680371、702122889、991924678、460844392。
- 服务电话：400-67501966、0431-84978981。

本书约定

开发环境及工具如下。

- 操作系统：Windows 7、Windows 10 等。
- 开发工具：IDLE。

致读者

本书由明日科技 Python 程序开发团队组织编写，主要编写人员有赛奎春、冯春龙、王国辉、李磊、王小科、申小琦、赵宁、李菁菁、何平、张鑫、周佳星、杨丽、高春艳、张宝华、庞凤、宋万勇、葛忠月等。在编写过程中，我们始终本着科学、严谨的态度，力求精益求精，但错误、疏漏之处在所难免，敬请广大读者批评指正。

感谢您购买本书，希望本书能成为您编程路上的领航者。

祝读书快乐！

目　录

第一篇　基础篇

第二篇　进阶篇

第三篇　高级篇

第一篇 基础篇

第 1 章 Python 编程基础

数据的输入与输出操作是计算机的基本操作。本章主要介绍基本的输入与输出操作，基本输入是指从键盘上输入数据的操作，基本输出是指在屏幕上显示输出结果的操作。

1.1 基本输入和输出

常用的输入与输出设备有很多，如摄像机、扫描仪、话筒、键盘等都是输入设备，经过计算机解码后在显示器或打印机等终端输出显示。而基本的输入与输出是指我们平时从键盘上输入字符，然后在屏幕上显示。

1.1.1 使用 print() 函数进行简单输出

微课视频

在 Python 中，使用内置的 print() 函数可以将结果输出到 IDLE 或标准控制台上。

print() 函数的基本语法格式如下：

```
print(输出内容)
```

其中，输出内容可以是数字和字符串（字符串需要使用引号括起来），此类内容将直接输出；也可以是包含运算符的表达式，此类内容将计算结果输出。例如：

```
01  a = 100                        # 变量a，值为100
02  b = 5                          # 变量b，值为5
03  print(9)                       # 输出数字9
04  print(a)                       # 输出变量a的值100
05  print(a*b)                     # 输出a*b的运算结果500
06  print("go big or go home")     # 输出go big or go home
```

📋 学习笔记

在 Python 中，默认情况下一条 print() 语句输出后会自动换行，如果想要一次输出多个内容，而且不换行，则可以使用英文半角的逗号将要输出的内容分隔。下面的代码将在一行输出变量 a 和 b 的值：

```
print(a,b," 要么出众，要么出局 ")   # 输出结果为：100 5 要么出众，要么出局
```

在编程时，我们输入的符号可以使用 ASCII 码的形式输入。ASCII 码是美国信息交换标准码，最早只有 127 个字母被编码到计算机里，也就是英文大小写字母、数字和一些符号，如大写字母 A 的编码是 65，小写字母 a 的编码是 97。通过 ASCII 码显示字符，需要使用 chr() 函数进行转换。例如：

```
01  print('b')                    # 输出字符 b
02  print(chr(98))                 # 输出字符 b
03  print('C')                     # 输出字符 C
04  print(chr(67))                 # 输出字符 C
05  print(8)                       # 输出字符 8
06  print(chr(56))                 # 输出字符 8
07  print('[')                     # 输出字符 [
08  print(chr(91))                 # 输出字符 [
```

ASCII 码在编程时经常会用到，学习时要掌握 ASCII 码值的一些规律。常用字符与 ASCII 码对照表如表 1.1 所示。

表 1.1　常用字符与 ASCII 码对照表

ASCII 非打印字符				ASCII 打印字符											
十进制	字符及解释	十进制	字符及解释	十进制	字符	十进制	字符	十进制	字符	十进制	字符	十进制	字符	十进制	字符
0	NUL（空字符）	16	DLE（数据链路转义）	32	(space)	48	0	64	@	80	P	96	`	112	p
1	SOH（标题开始）	17	DC1（设备控制 1）	33	!	49	1	65	A	81	Q	97	a	113	q
2	STX（正文开始）	18	DC2（设备控制 2）	34	"	50	2	66	B	82	R	98	b	114	r
3	ETX（正文结束）	19	DC3（设备控制 3）	35	#	51	3	67	C	83	S	99	c	115	s
4	EOT（传输结束）	20	DC4（设备控制 4）	36	$	52	4	68	D	84	T	100	d	116	t
5	ENQ（查询）	21	NAK（否认）	37	%	53	5	69	E	85	U	101	e	117	u
6	ACK（确认）	22	SYN（同步空闲）	38	&	54	6	70	F	86	V	102	f	118	v
7	BEL（响铃）	23	ETB（传输块结束）	39	'	55	7	71	G	87	W	103	g	119	w
8	BS（退格）	24	CAN（取消）	40	(	56	8	72	H	88	X	104	h	120	x
9	TAB（水平制表符）	25	EM（介质中断）	41	)	57	9	73	I	89	Y	105	i	121	y
10	LF（换行）	26	SUB（替补）	42	*	58	:	74	J	90	Z	106	j	122	z
11	VT（垂直制表符）	27	ESC（换码）	43	+	59	;	75	K	91	[	107	k	123	{
12	FF（换页）	28	FS（文件分隔符）	44	,	60	<	76	L	92	\	108	l	124	|
13	CR（回车）	29	GS（分组符）	45	□	61	=	77	M	93	]	109	m	125	}
14	SO（移入）	30	RS（记录分隔符）	46	.	62	>	78	N	94	^	110	n	126	~
15	SI（移出）	31	US（单元分隔符）	47	/	63	?	79	O	95	_	111	o	127	(del)

随着计算机技术的深入发展，在计算机中不但需要存储和使用基本的英文字符，还需要存储俄语、汉语、日语等文字或符号，随之出现了多种版本的信息转换编码，如 Unicode\UTF-8 等。Python 3.0 以 Unicode 为内部字符编码。Unicode 采用双字节 16 位来进行编号，可编 65536 个字符，基本上包含了世界上所有的语言字符，它也就成为全世界一种通用的编码方式，而且用十六进制 4 位表示一个编码，非常简洁直观，被大多数开发者所接受。打印汉字可以直接使用 U+ 编码的形式，如打印汉字"生化危机"和"中国"的代码如下：

```
01  print ("\u751f\u5316\u5371\u673a")          # 输出字符"生化危机"
02  print ("\u4e2d\u56fd")                       # 输出字符"中国"
```

使用 print() 函数，不但可以将内容输出到屏幕，还可以输出到指定文件。例如，将一个字符串"要么出众，要么出局"输出到"D:\mr.txt"文件中，代码如下：

```
01  fp = open(r'D:\mr.txt','a+')                 # 打开文件
02  print(" 要么出众，要么出局 ",file=fp)          # 输出到文件中
03  fp.close()                                    # 关闭文件
```

执行上面的代码后，将在"D:\"目录下生成一个名为 mr.txt 的文件，该文件的内容为"要么出众，要么出局"，如图 1.1 所示。

图 1.1　mr.txt 文件的内容

是否可以将当前年份、月份和日期也输出呢？当然可以，但需要先调用 datetime 模块，并且按指定格式才可以输出相应日期。例如，要输出当前年份和当前日期时间，代码如下：

```
01  import datetime                              # 调用日期模块 datetime
02  print(' 当前年份: '+str(datetime.datetime.now().year))      # 当前年份: 2020
03  # 当前日期时间: 20-02-16 20:21:53
04  print(' 当前日期时间: '+datetime.datetime.now().strftime('%y-%m-%d %H:%M:%S'))
```

1.1.2　使用 print() 函数进行复杂输出

print() 函数可以实现比较复杂的内容输出，print() 函数的完整语法格式如下：

```
print(value, ..., sep=' ', end='\n', file=sys.stdout, flush=False)
```

参数说明如下。

- value：表示要输出的值；可以是数字、字符串、各种类型的变量等。
- …：值列表，表示可以一次性打印多个值；在输出多个值时，需要使用"，"（英文半角的逗号）分隔，打印出来各个值之间默认用空格隔开。
- sep：表示打印值时，各个值之间的间隔符，默认值是一个空格，可以设置为其他的分隔符。
- end：表示打印完最后一个值需要添加的字符串，用来设定输出语句以什么结尾，默认是换行符"\n"，即打印完会跳到新行，可以换成其他字符串，如 end='\t' 或 end=' ' 等。
- file：表示输出的目标对象，可以是文件也可以是数据流，默认是 sys.stdout。可以设置"file = 文件储存对象"，把内容存到该文件中。
- flush：表示是否立刻将输出语句输出到目标对象，flush 值为 False 或 True。当 flush=False 时，表示输出值会存在缓存；当 flush=True 时，表示输出值强制写入文件。

📖 学习笔记

（1）如果 print() 函数不传递任何参数，则会输出 end 参数的默认值，即打印一个空行。

（2）sep 和 end 的参数必须是字符串，或者为 None。当为 None 时意味着将使用其默认值。

（3）sep、end、file、flush 都必须以命名参数方式传参，否则会被当作需要输出的对象。

■ 多条 print() 输出到一行显示

print() 函数默认输出结束后以换行结束，即 end 的默认值是换行符"\n"，打印完会跳到新行。如果打印完不换行，只需将 end 设置成其他字符串，如 end='\t'、end=' ' 或 end='<<' 特殊符号等。下面将数字 0 ～ 9 输出到一行显示。

```
01  for x in range(0, 10):          # 设置输出内容区间为 0 ～ 9
02      print(x, end=' ')           # 输出数字用空格间隔输出一行
03  0 1 2 3 4 5 6 7 8 9
04  for x in range(0, 10):          # 设置输出内容区间为 0 ～ 9
05      print(x, end='+')           # 输出数字用加号连接
06  print("? = 100")                # 输出结果和原输入内容形成计算题
07  0+1+2+3+4+5+6+7+8+9+? = 100
```

■ 使用连接符连接多个字符串

数值类型可以直接输出，当使用"+"连接数值和其他数据类型时，系统默认为是加法计算，会报错。可以使用"，"连接，或者将数值作为字符串来处理，两端加单引号或

双引号。例如：

```
print(1314)                          # 直接输出整数，可以不带双引号或单引号
1314
print(12.22)                         # 直接输出浮点数
12.22
print(2, 0, 2, 0)                    # 使用 "," 连接要输出的数值，中间用空格连接
2 0 2 0
print(192, 168, 1, 1, sep='.')       # 使用间隔符 "." 连接输出数值，数值之间用 "." 间隔
192.168.1.1
print(" 广州恒大 " + 43)             # 不能直接使用 "+" 连接字符串和数值，系统会报错
TypeError: can only concatenate str (not "int") to str
print(" 广州恒大 " + str(43))        # 当使用 "+" 连接字符串和数值时，数值要转换为字符串
广州恒大 43
print(" 广州恒大 ", 43)              # 当使用 "," 连接字符串和数值时，字符串和数值用空格连接
广州恒大 43
print("%e" % 120563332111098)        # 使用操作符 "%e"% 格式化数值为科学记数法
```

■ 特殊文字、符号、标志输出

　　Windows10 的表情包提供了大量图标和特殊符号，在 Pycharm 下可以输出大部分表情包。Python 自带的 IDE 只能输入部分特殊字符。利用 Windows10 表情包输入特殊符号代码如下：

　　　# 在 Windows10 环境下，将输入法切换到微软输入法，使用 Ctrl+Shift+B 组合键可以调出表情包

```
print('👥👥👤👥👤')
```
👥👥👤👥👤

　　调用系统提供的字符映射表，也可以在 Pycharm 下输出特殊符号和标志。

　　按 Win+R 组合键（Win 键见图 1.2），输入 "charmap"，调出字符映射表。单击想要插入程序中的特殊符号，特殊符号将被放大显示，如图 1.3 所示。记住放大显示的特殊符号旁边的字符码。如要输入👆，它的字符码为 0x43，在 0x 和 43 之间加入 f0（零），即 0xf043，然后就可以通过 chr() 函数进行输出，代码如下：

```
01  print(chr(0xf043))                      #0xf043 是十六进制数　输出为　👆
02  # 直接使用字符集的编码，输出多个特殊符号
03  print(chr(0xf021),chr(0xf035),chr(0xf046),chr(0xf051),chr(0xf067),chr(0x
04  f0e5))
```

　　输出结果为：

　　　✏ 🗐 ☞ ✝ 🎜 ⚡ ⬇ □

图 1.2 Win 键

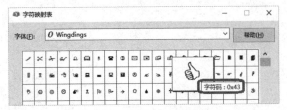
图 1.3 选择特殊符号

如果知道十进制字符编码的值也可以很方便地输入特殊符号。如要输入"←"，只要知道该符号的十进制字符编码为"8592"即可，编写代码：

```
01  print(chr(8592))
```

输出结果为：

```
←
```

微课视频

1.1.3 使用 input() 函数输入

在 Python 中，使用内置函数 input() 可以接收用户的键盘输入。input() 函数的基本语法格式如下：

```
variable = input("提示文字")
```

其中，variable 为保存输入结果的变量，双引号内的文字用于提示要输入的内容。例如，想要接收用户输入的内容，并保存到变量 tip 中，可以使用下面的代码：

```
01  tip = input("请输入文字：")
```

在 Python 3.x 中，无论输入数字还是字符都将被作为字符串读取。如果想要接收数值，则需要把接收到的字符串进行类型转换。例如，想要接收整型的数字并保存到变量 num 中，可以使用下面的代码：

```
01  num = int(input("请输入您的幸运数字："))
```

前面介绍了使用 ASCII 码值输出相关字符，那么想要获得字符对应的 ASCII 码值该如何实现呢？通过 ord() 函数可以将字符的 ASCII 码值转换为数字，下面代码根据输入的字符，输出相应的 ASCII 码值，代码如下：

```
01  name=input("输入字符：")                    # 输入字母或数字，不能输入汉字
02  print(name+" 的 ASCII 码值为：",ord(name))   # 显示字符对应的 ASCII 码值
```

如果输入字符"A"，则输出结果为"A 的 ASCII 码值为 65"。如果输入数字"5"，则输出结果为"5 的 ASCII 码值为 53"。

1.2　注释

注释是指在代码中对代码功能解释说明的标注性文字，可以提高代码的可读性。注释的内容将被 Python 解释器忽略，并不会在执行结果中体现出来。

在 Python 中，通常包括 3 种类型的注释，分别是单行注释、多行注释和中文声明注释。

1.2.1　单行注释

在 Python 中，使用"#"作为单行注释的符号。从符号"#"开始直到换行为止，其后面所有的内容都作为注释的内容而被 Python 解释器忽略。

语法格式如下：

```
# 注释内容
```

单行注释可以放在要注释代码的前一行，也可以放在要注释代码的右侧。例如，下面的两种注释形式都是正确的。

第一种形式：

```
01  # 要求输入出生年份，必须是 4 位数字，如 1981
02  year=int(input(" 请输入您的出生年份："))
```

第二种形式：

```
01  # 要求输入出生年份，必须是 4 位数字，如 1981
02  year=int(input(" 请输入您的出生年份："))
```

1.2.2　多行注释

在 Python 中，并没有一个单独的多行注释标记，而是将包含在一对三引号（'''……'''）或（"""……"""）之间的代码都称为多行注释。这样的代码将被 Python 解释器忽略。由于这样的代码可以分为多行编写，所以也可以作为多行注释。

语法格式如下：

```
'''
注释内容 1
```

```
注释内容 2
……
'''
```

或者

```
"""
注释内容 1
注释内容 2
……
"""
```

多行注释通常用来为 Python 文件、模块、类或函数等添加版权、功能等信息，例如，下面代码将使用多行注释为程序添加功能、开发者、版权、开发日期等信息。

```
'''
信息加密模块
开发者：天星
版权所有：明日科技
2018 年 9 月
'''
```

多行注释也经常用来解释代码中重要的函数、参数等信息，以便于后续开发者维护代码，例如：

```
'''
库存类主要的函数方法
update 修改 / 更新
find 查找
delete 删除
create 添加
'''
```

多行注释其实可以采用单行代码多行书写的方式实现，如上面的多行注释可以写成如下形式：

```
# 库存类主要的函数方法
# update 修改 / 更新
# find 查找
# delete 删除
# create 添加
```

1.2.3 中文声明注释

在 Python 中编写代码时，如果用到指定字符编码类型的中文编码，则需要在文件开头加上中文声明注释，这样可以在程序中指定字符编码类型的中文编码，不至于出现代码错误。所以说，中文声明注释很重要。Python 3.x 提供的中文声明注释语法格式如下：

```
# -*- coding:编码 -*-
```

或者

```
# coding=编码
```

例如，保存文件编码格式为 UTF-8，可以使用下面的中文声明注释：

```
# -*- coding:utf-8 -*-
```

一个优秀的程序员，为代码添加注释是必须要做的工作。但要确保注释的内容都是重要的事情，看一眼就知道是干什么的，无用的代码是不需要添加注释的。

学习笔记

> 在上面的代码中，"-*-" 没有特殊的作用，只是为了美观才加上的，所以上面的代码也可以使用 "# coding:utf-8" 代替。

1.3 代码缩进

微课视频

Python 不像其他程序设计语言（如 Java 或 C 语言）采用大括号 "｛｝" 分隔代码块，而是采用代码缩进和冒号 ":" 区分代码之间的层次。

学习笔记

> 缩进可以使用空格键或 Tab 键实现。使用空格键时，在通常情况下采用 4 个空格作为一个缩进量，而使用 Tab 键时，则采用一个 Tab 键作为一个缩进量。在通常情况下建议采用空格进行缩进。

在 Python 中，对于类定义、函数定义、流程控制语句，以及异常处理语句等，行尾的冒号和下一行的缩进表示一个代码块的开始，而缩进结束，则表示一个代码块的结束。

在 IDLE 开发环境中，一般以 4 个空格作为基本缩进单位。不过也可以选择 "Options" → "Configure IDLE" 菜单项，在打开的 "Settings" 对话框的 "Fonts/Tabs" 选项卡中修改基本缩进量。

学习笔记

在 IDLE 开发环境的文件窗口中，可以通过选择"Format"→"Indent Region"菜单项（或按 Ctrl+] 组合键），将选中的代码缩进（向右移动指定的缩进量），也可以通过选择"Format"→"Dedent Region"菜单项（或按 Ctrl+[组合键），对代码进行反缩进（向左移动指定的缩进量）。

1.4 编码规范

微课视频

Python 采用了 PEP 8 作为编码规范，其中 PEP 是 Python Enhancement Proposal 的缩写，其中文含义是 Python 增强建议书，而"PEP 8"中的"8"表示版本号。PEP 8 是 Python 代码的样式指南。下面给出 PEP 8 编码规范中的一些应该严格遵守的条目。

● 每个 import 语句只导入一个模块，尽量避免一次导入多个模块。如图 1.4 所示为推荐写法，而如图 1.5 所示为不推荐写法。

```
import os
import sys
```

图 1.4　推荐写法

```
import os, sys
```

图 1.5　不推荐写法

● 不要在行尾添加分号";"，也不要用分号将两条命令放在同一行。例如，如图 1.6 所示的代码是不规范的写法。

```
height = float(input("请输入您的身高："));
weight = float(input("请输入您的体重："));
```

图 1.6　不规范写法

● 建议每行不超过 80 个字符，如果超过，则建议使用小括号"()"将多行内容隐式地连接起来，而不推荐使用反斜杠"\"进行连接。例如，一个字符串文本不能够在一行上显示，则可以使用小括号"()"将其分行显示，代码如下：

```
01  print(" 我一直认为我是一只蜗牛。我一直在爬，也许还没有爬到金字塔的顶端。"
02         " 但是只要你在爬，就足以给自己留下令生命感动的日子。")
```

例如，以下通过反斜杠"\"进行连接的做法是不推荐使用的。

```
01  print(" 我一直认为我是一只蜗牛。我一直在爬，也许还没有爬到金字塔的顶端。\
02  但是只要你在爬，就足以给自己留下令生命感动的日子。")
```

不过以下两种情况除外。

- 导入模块的语句过长。

- 注释里的 URL。

  » 使用必要的空行可以增加代码的可读性。一般在顶级定义（如函数或类的定义）之间空两行，而方法定义之间空一行。另外，在用于分隔某些功能的位置也可以空一行。

  » 在通常情况下，运算符两侧、函数参数之间、逗号","两侧建议使用空格进行分隔。

  » 应该避免在循环中使用"+"和"+="运算符累加字符串。这是因为字符串是不可变的，这样做会创建不必要的临时对象。推荐将每个子字符串加入列表，然后在循环结束后使用 join() 方法连接列表。

  » 虽然适当使用异常处理结构可以提高程序容错性，但是不能过多依赖异常处理结构，适当的显式判断还是必要的。

1.5 命名规范

微课视频

命名规范在编写代码中起到很重要的作用，虽然不遵循命名规范，程序也可以运行，但是使用命名规范可以使人们更加直观地了解代码所代表的含义。本节将介绍 Python 常用的一些命名规范。

- 模块名尽量短小，并且全部使用小写字母，可以使用下画线①分隔多个字母。例如，game_main、game_register、bmiexponent 都是推荐使用的模块名称。

- 包名尽量短小，并且全部使用小写字母，不推荐使用下画线。例如，com.mingrisoft、com.mr、com.mr.book 都是推荐使用的包名称，而 com_mingrisoft 是不推荐使用的包名称。

- 类名采用单词首字母大写形式（即 Pascal 风格）。例如，定义一个借书类，可以命名为 BorrowBook。

📋学习笔记

Pascal 是以纪念法国数学家布莱士·帕斯卡（Blaise Pascal）而命名的一种编程语言，Python 中的 Pascal 命名法就是根据该语言的特点总结出来的一种命名方法。

---

① "下划线"的正确写法应为"下画线"。

- 模块内部的类采用下画线"_"+Pascal 风格的类名组成。例如，在 BorrowBook 类中的内部类，可以使用 _BorrowBook 命名。
- 函数、类的属性和方法的命名规则同模块的命名规则类似，也是全部使用小写字母，多个字母之间使用下画线"_"分隔。
- 常量命名时采用全部大写字母，可以使用下画线。
- 使用单下画线"_"开头的模块变量或函数是受保护的，在使用 from xxx import* 语句从模块中导入时，这些模块变量或函数不能被导入。
- 使用双下画线"__"开头的实例变量或方法是类私有的。

第 2 章　数据类型与基本运算符

熟练掌握一门编程语言，最好的方法就是充分了解、掌握基础知识，并亲自体验。本章首先介绍 Python 基础知识中的保留字与标识符，然后介绍在 Python 中如何使用变量及各种数据类型。

2.1　保留字与标识符

微课视频

在程序设计语言中，都会涉及保留字和标识符。保留字一般在程序设计语言中有特定的含义和用途，有一些保留字是语法中的关键部分，也有一些保留字虽然并没有应用于当前的语法中，但是由于对程序设计语言的扩展性，提前定义为保留字。标识符用作程序某一元素的名字的字符串或用来标识源程序中某个对象的名字。下面详细介绍 Python 的保留字和标识符。

2.1.1　保留字

保留字是 Python 已经被赋予特定意义的一些单词，在开发程序时，不可以把这些保留字作为变量、函数、类、模块和其他对象的名称来使用。Python 的保留字如表 2.1 所示。

表 2.1　Python 中的保留字

and	as	assert	break	class	continue
def	del	elif	else	except	finally
for	from	False	global	if	import
in	is	lambda	nonlocal	not	None
or	pass	raise	return	try	True
while	with	yield			

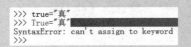 学习笔记

Python 中的所有保留字是区分字母大小写的。例如，True、if 是保留字，但是 TRUE、IF 就不属于保留字，如图 2.1 和图 2.2 所示。

```
>>> true="真"
>>> True="真"
SyntaxError: can't assign to keyword
>>>
```

```
>>> if ▌"守得云开见月明"
SyntaxError: invalid syntax
>>> IF = "守得云开见月明"
>>>
```

图 2.1　True 是保留字，但 true 不属于保留字　　　图 2.2　if 是保留字，但 IF 不属于保留字

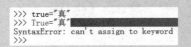 学习笔记

Python 中的保留字可以通过在 IDLE 中，输入以下两行代码查看：

```
01  import keyword
02  keyword.kwlist
```

运行结果如图 2.3 所示。

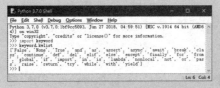

图 2.3　查看 Python 中的保留字

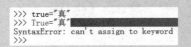 学习笔记

如果在开发程序时，使用 Python 中的保留字作为模块、类、函数或变量等的名称，则会提示 "invalid syntax" 的错误信息。在下面代码中使用了 Python 保留字 if 作为变量的名称：

```
01  if = " 坚持下去不是因为我很坚强，而是因为我别无选择 "
02  print(if)
```

程序运行时会出现如图 2.4 所示的错误提示信息。

图 2.4　使用 Python 保留字作为变量名时的错误信息

2.1.2 标识符

标识符可以简单地理解为一个名字，比如每个人都有自己的名字，它主要用来标识变量、函数、类、模块和其他对象的名称。

Python 标识符命名规则如下。

- 由字母、下画线"_"和数字组成，并且第一个字符不能是数字。目前，在 Python 中只允许使用 ISO-Latin 字符集中的字符 A ～ Z 和 a ～ z。
- 不能使用 Python 中的保留字。

例如，下面是合法的标识符。

```
01  USERID
02  book
03  user_id
04  myclass                    # 保留字和其他字符组合是合法的标识符
05  book01                     # 数字可以在标识符的后面
```

下面是非法的标识符。

```
01  4word                      # 以数字开头
02  class                      # class 是 Python 中的保留字
03  @book                      # 不能使用特殊字符 @
04  book name                  # book 和 name 之间包含了特殊字符空格
```

📋 **学习笔记**

> **Python 中的标识符不能包含空格、@、% 和 $ 等特殊字符。**

- 区分字母大小写。

在 Python 中，标识符中的字母是严格区分大小写的。两个同样的单词，如果大小写格式不一样，所代表的意义是完全不同的。例如，下面 3 个变量是完全独立、毫无关系的，就像相貌相似的三胞胎，彼此之间都是独立的个体。

```
01  book = 0                   # 全部小写
02  Book = 1                   # 部分大写
03  BOOK = 2                   # 全部大写
```

- 在 Python 中，以下画线开头的标识符有特殊意义，一般应避免使用相似的标识符。
  » 以单下画线开头的标识符（如 _width）表示不能直接访问的类属性。另外，也不能通过"from xxx import *"导入。

» 以双下画线开头的标识符（如 __add）表示类的私有成员。

» 以双下画线开头和结尾的是 Python 专用的标识，例如，"__init__()"表示构造函数。

学习笔记

在 Python 语言中允许使用汉字作为标识符，如"我的名字=" 明日科技 ""，在程序运行时并不会出现错误，如图2.5所示，但建议读者尽量不要使用汉字作为标识符。

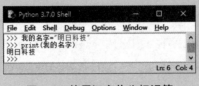

图 2.5　使用汉字作为标识符

2.2　变量

微课视频

在程序设计语言中，变量是基础的元素，也是重要的元素。例如，建造一栋大楼，水泥是基础的材料。所以，构建一个大型的软件应用系统，需要定义和使用各种类型的变量。下面介绍变量的相关概念及操作。

2.2.1　理解 Python 中的变量

在 Python 中，变量严格意义上应该称为"名字"，也可以理解为标签。当把一个值赋给一个名字时，如把值"学会 Python 还可以飞"赋给 python，python 就称为变量。在大多数编程语言中，都将这称为"把值存储在变量中"。意思是在计算机内存中的某个位置，字符串序列"学会 Python 还可以飞"已经存在。你不需要准确地知道它们到底在哪里，只需要告诉 Python 这个字符串序列的名字是 python，然后就可以通过这个名字来引用字符串序列了。

这个过程就像快递员取快递一样，内存就像一个巨大的货物架，在 Python 中定义变量就如同给快递盒子贴标签。快递存放在货物架上，上面附着写有客户名字的标签。当客户来取快递时，并不需要知道它们存放在大型货架的具体位置。只需要客户提供自己的名字，快递员就会把快递交给客户。变量也一样，你不需要准确地知道信息存储在内存中的位置，只需要记住存储变量时所用的名字，再使用这个名字就可以了。

2.2.2　变量的定义与使用

在 Python 中，不需要先声明变量名及其类型，直接赋值即可创建各种类型的变量。但是变量的命名并不是任意的，应遵循以下几条规则。

- 变量名必须是一个有效的标识符。
- 变量名不能使用 Python 中的保留字。
- 慎用小写字母 l 和大写字母 O。
- 应选择有意义的单词作为变量名。

为变量赋值可以通过等号（=）来实现，其语法格式如下：

```
变量名 = value
```

例如，创建一个整型变量，并为其赋值为 505，可以使用下面的语句：

```
01  number = 505                    # 创建变量 number 并赋值为 505，该变量为数值型
```

这样创建的变量就是数值型的变量。如果直接为变量赋值一个字符串值，那么该变量即为字符串类型。例如，下面的语句：

```
01  myname = "生化危机"              # 字符串类型的变量
```

另外，Python 是一种动态类型的语言，也就是说，变量的类型可以随时变化。例如，在 IDLE 中，创建变量 myname，并赋值为字符串"生化危机"，然后输出该变量的类型，可以看到该变量为字符串类型；再将变量赋值为数值 505，并输出该变量的类型，可以看到该变量为整型，执行过程如下：

```
01  >>> myname = "生化危机"          # 字符串类型的变量
02  >>> print(type(myname))
03  <class 'str'>
04  >>> myname = 505                 # 整型的变量
05  >>> print(type(myname))
06  <class 'int'>
```

📖 **学习笔记**

在 Python 语言中，使用内置函数 type() 可以返回变量类型。

在 Python 中，允许多个变量指向同一个值。例如，将两个变量都赋值为数值 2048，再分别应用内置函数 id() 获取变量的内存地址，将得到相同的结果，执行过程如下：

```
01  >>> no = number=2048
```

```
02  >>> id(no)
03  49364880
04  >>> id(number)
05  49364880
```

📋 学习笔记

在 Python 语言中，使用内置函数 id() 可以返回变量所指的内存地址。

常量就是程序在运行过程中，值不能改变的量，如现实生活中的居民身份证号码、数学运算中的圆周率等，这些都是不会发生改变的，它们都可以定义为常量。在 Python 中，并没有提供定义常量的保留字。不过在 PEP 8 规范中规定了常量由大写字母和下画线组成，但是在实际项目中，常量首次赋值后，还是可以被其他代码修改的。

2.3 基本数据类型

在内存存储的数据可以有多种类型。例如，一个人的姓名可以使用字符型存储、年龄可以使用数值型存储、而婚否可以使用布尔类型存储。这些都是 Python 提供的基本数据类型。下面将对这些基本数据类型进行详细介绍。

2.3.1 数值类型

微课视频

在程序开发时，经常使用数字记录游戏的得分、网站的销售数据和网站的访问量等信息。在 Python 中，提供了数值类型用于保存这些数值，并且它们是不可改变的数据类型。如果修改数值类型变量的值，那么会先把该值存储到内存中，然后修改变量使其指向新的内存地址。

在 Python 中，数值类型主要包括整数、浮点数和复数。

1. 整数

整数用来表示整数数值，即没有小数部分的数值。在 Python 中，整数包括正整数、负整数和 0，并且它的位数是任意的（当超过计算机自身的计算功能时，会自动转用高精度计算），如果要指定一个非常大的整数，那么只需要写出其所有位数即可。

整数类型包括十进制整数、八进制整数、十六进制整数和二进制整数。

- 十进制整数。

十进制整数的表现形式大家都很熟悉。例如，下面的数值都是有效的十进制整数。

```
01  31415926535897932384626
02  666666666666666666666666666666666666666666666666666666666666666666666
03  6666
04  -2018
05  0
```

在 IDLE 中运行的结果如图 2.6 所示。

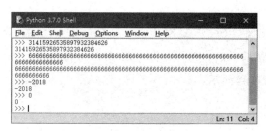

图 2.6　有效的整数

🖿 **学习笔记**

十进制整数不能以 0 作为开头（0 除外）。

- 八进制整数。

八进制整数由 0 ～ 7 组成，进位规则是"逢八进一"，并且以 0o 开头的数，如 0o123（转换成十进制整数为 83）、-0o123（转换成十进制整数为 -83）。

🖿 **学习笔记**

在 Python 3.x 中，对于八进制整数，必须以 0o/0O 开头。这与 Python 2.x 不同，在 Python 2.x 中，八进制整数可以 0 开头。

- 十六进制整数。

十六进制整数由 0 ～ 9，A ～ F 组成，进位规则是"逢十六进一"，并且以 0x/0X 开头的数，如 0x25（转换成十进制整数为 37）、0Xb01e（转换成十进制整数为 45086）。

🖿 **学习笔记**

十六进制整数必须以 0X 或 0x 开头。

● 二进制整数。

二进制整数只有 0 和 1 两个基数，进位规则是"逢二进一"，如 101（转换成十进制整数为 5）、1010（转换成十进制整数为 10）。

2. 浮点数

浮点数由整数部分和小数部分组成，主要用于处理包括小数的数。例如，1.414、0.5、–1.732、3.1415926535897932384626 等。浮点数也可以使用科学记数法表示。例如，2.7e2、–3.14e5 和 6.16e–2 等。

学习笔记

在使用浮点数进行计算时，可能会出现小数位数不确定的情况。例如，计算 0.1+0.1 时，可以得到想要的结果 0.2，而计算 0.1+0.2 时，却得到 0.30000000000000004（想要的结果为 0.3），执行过程如下：

```
>>> 0.1+0.1
0.2
>>> 0.1+0.2
0.30000000000000004
```

对于这种情况，所有语言都存在这个问题，暂时忽略多余的小数位数即可。

示例：根据身高、体重计算 BMI 指数。

在 IDLE 中创建一个名称为 bmiexponent.py 的文件，然后在该文件中定义两个变量，一个用于记录身高（单位为米），另一个用于记录体重（单位为千克），根据公式："BMI=体重 /（身高 × 身高）"，计算 BMI 指数，代码如下：

```
01  height = 1.70                        # 保存身高的变量，单位为米
02  print("您的身高: " + str(height))
03  weight = 48.5                        # 保存体重的变量，单位为千克
04  print("您的体重: " + str(weight))
05  bmi=weight/(height*height)      # 用于计算 BMI 指数，公式为"体重 /（身高×身高）"
06  print("您的BMI指数为: "+str(bmi))       # 输出 BMI 指数
07  # 判断身材是否合理
08  if bmi<18.5:
09      print("您的体重过轻  ~@_@~")
10  if bmi>=18.5 and bmi<24.9:
11      print("正常范围，注意保持  (-_-)")
12  if bmi>=24.9 and bmi<29.9:
13      print("您的体重过重  ~@_@~")
```

```
14  if bmi>=29.9:
15      print("肥胖 ^@_@^")
```

📋**学习笔记**

　　上面的代码只是为了展示浮点数的实际应用，涉及的源码按原样输出即可，其中，str() 函数用于将数值转换为字符串，if 语句用于进行条件判断。如需了解更多关于函数和条件判断的知识，请查阅后面的章节。

　　运行结果如图 2.7 所示。

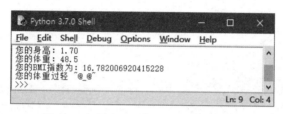

图 2.7　根据身高、体重计算 BMI 指数

3. 复数

　　Python 中的复数与数学中的复数的形式完全一致，都由实部和虚部组成，并且使用 j 或 J 表示虚部。当表示一个复数时，可以将其实部和虚部相加。例如，一个复数，实部为 3.14，虚部为 12.5j，则这个复数为 3.14+12.5j。

2.3.2　字符串类型

微课视频

　　字符串就是连续的字符序列，可以是计算机所能表示的一切字符的集合。在 Python 中，字符串属于不可变序列，通常使用单引号 "'"、双引号 """"、三引号 "''''''" 或 """"""" "" 括起来。这三种引号形式在语义上没有差别，只是在形式上有些差别。其中单引号和双引号中的字符序列必须在一行上，而三引号内的字符序列可以分布在连续的多行上。

　　示例：输出名言警句。

　　定义 3 个字符串类型变量，并且应用 print() 函数输出，代码如下：

```
01  title = '我喜欢的名言警句'                    # 使用单引号，字符串内容必须在一行
02  # 使用双引号，字符串内容必须在一行
03  mot_cn = "命运给予我们的不是失望之酒，而是机会之杯。"
04  # 使用三引号，字符串内容可以分布在多行
```

```
05  mot_en = '''Our destiny offers not the cup of despair,
06  but the chance of opportunity.'''
07  print(title)
08  print(mot_cn)
09  print(mot_en)
```

运行结果如图 2.8 所示。

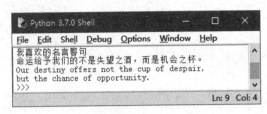

图 2.8　使用三种形式定义字符串

📋学习笔记

　　字符串开始和结尾使用的引号形式必须一致。另外，当需要表示复杂的字符串时，还可以进行引号的嵌套。例如，下面的字符串也都是合法的。

```
01  '在 Python 中也可以使用双引号（" "）定义字符串'
02  "'(··)nnn' 也是字符串"
03  """'!---' "_"***"""
```

示例：输出 101 号坦克。

在 IDLE 中创建一个名称为 tank.py 的文件，然后在该文件中，输出一个表示字符画的字符串，因为该字符画有多行，所以需要使用三引号作为字符串的定界符，代码如下：

```
01  print('''
02                        ▶  学编程，你不是一个人在战斗～～
03                        |
04                   __\--__|_
05  II=======OOOOO[/ ★101___|
06         _____|/-----.
07        /___mingrisoft.com___|
08        \ ◎◎◎◎◎◎◎◎◎⊙ /
09          ~~~~~~~~~~~~~~~~~
10  ''')
```

运行结果如图 2.9 所示。

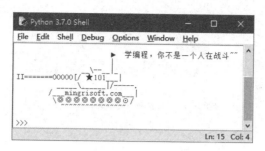

图 2.9 输出 101 号坦克

📋 **学习笔记**

在输出字符画时，可以借助搜狗输入法的字符画进行输出。

Python 中的字符串还支持转义字符。所谓转义字符是指使用反斜杠"\"对一些特殊字符进行转义。常用的转义字符及其说明如表 2.2 所示。

表 2.2 常用的转义字符及其说明

转义字符	说　明
\	续行符
\n	换行符
\0	空
\t	水平制表符，用于横向跳到下一制表位
\"	双引号
\'	单引号
\\	一个反斜杠
\f	换页
\0dd	八进制整数，dd 表示字符，如 \012 表示换行
\xhh	十六进制整数，hh 表示字符，如 \x0a 表示换行

📋 **学习笔记**

在字符串界定符的前面加上字母 r 或 R，那么该字符串将原样输出，其中的转义字符将不进行转义。例如，输出字符串""失望之酒 \x0a 机会之杯""，将正常输出转义字符换行，而输出字符串"r"失望之酒 \x0a 机会之杯""原样输出，运行结果如图 2.10 所示。

```
>>> print("失望之酒\x0a机会之杯")
失望之酒
机会之杯
>>> print(r"失望之酒\x0a机会之杯")
失望之酒\x0a机会之杯
>>>
```

图 2.10　转义和原样输出的对比

2.3.3　布尔类型

微课视频

布尔类型主要用来表示真或假的值。在 Python 中，标识符 True 和 False 被解释为布尔值。另外，Python 中的布尔值可以转化为数值，其中 True 表示 1，而 False 表示 0。

学习笔记

Python 中的布尔类型的值可以进行数值运算。例如，"False + 1"的运行结果为 1。但是不建议对布尔类型的值进行数值运算。

在 Python 中，所有的对象都可以进行真值测试。其中，只有下面列出的几种情况得到的值为假，其他对象在 if 或 while 语句中都表现为真。

- False 或 None。
- 数值中的零，包括 0、0.0、虚数 0j。
- 空序列，包括字符串、空元组、空列表、空字典。
- 自定义对象的实例，该对象的 __bool__ 方法返回 False，或者 __len__ 方法返回 0。

2.3.4　数据类型转换

微课视频

Python 是动态类型的语言（也称为弱类型语言），虽然不需要先声明变量的类型，但有时仍然需要用到类型转换。例如，在"根据身高、体重计算 BMI 指数"这一示例中，要想通过一个 print() 函数输出提示文字"您的身高："和浮点型变量 height 的值，就需要将浮点型变量 height 转换为字符串，否则显示如图 2.11 所示的错误。

```
Traceback (most recent call last):
  File "E:\program\Python\Code\datatype_test.py", line 2, in <module>
    print("您的身高：" + height)
TypeError: must be str, not float
```

图 2.11　字符串和浮点型变量连接时出错

在 Python 中，提供了如表 2.3 所示的数据类型转换函数及其说明。

表 2.3　数据类型转换函数及其说明

函　　数	说　　明
int(x)	将 x 转换为整数类型
float(x)	将 x 转换为浮点数类型
complex(real [,imag])	创建一个复数
str(x)	将 x 转换为字符串
repr(x)	将 x 转换为表达式字符串
eval(str)	计算在字符串中的有效 Python 表达式，并返回一个对象
chr(x)	将整数 x 转换为一个字符
ord(x)	将一个字符 x 转换为其对应的整数值
hex(x)	将一个整数 x 转换为一个十六进制字符串
oct(x)	将一个整数 x 转换为一个八进制的字符串

示例：模拟超市抹零结账行为。

在 IDLE 中创建一个名称为 erase_zero.py 的文件，在该文件中，首先将各个商品金额累加，计算出商品总金额，并转换为字符串输出，然后应用 int() 函数将浮点型的变量转换为整型，从而实现抹零，并转换为字符串输出，代码如下：

```
01  money_all = 56.75 + 72.91 + 88.50 + 26.37 + 68.51        # 累加总计金额
02  money_all_str = str(money_all)                            # 转换为字符串
03  print(" 商品总金额为： " + money_all_str)
04  money_real = int(money_all)                               # 进行抹零处理
05  money_real_str = str(money_real)                          # 转换为字符串
06  print(" 实收金额为： " + money_real_str)
```

📋**学习笔记**

上面的代码只是部分代码，如果想要获取全部代码，读者可在提供的资源包中查找即可。

运行结果如图 2.12 所示。

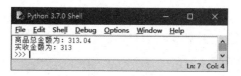

图 2.12　模拟超市抹零结账行为

📋 **学习笔记**

在进行数据类型转换时，如果把一个非数字字符串转换为整型，将产生如图 2.13 所示的错误。

```
>>> int("17天")
Traceback (most recent call last):
  File "<pyshell#1>", line 1, in <module>
    int("17天")
ValueError: invalid literal for int() with base 10: '17天'
```

图 2.13　将非数字字符串转换为整型产生的错误

2.4　进制数

本节主要介绍进制，进制是计算机中数据的一种表示方法。N 进制的数可以用 0 ～ (N-1) 的数表示，超过 9 的用字母 A ～ F 表示。

2.4.1　二进制

二进制其实是由计算机的开关演变而来的，在计算机中，用于表示的是电信号，高低电压，高电压相当于数字 1，低电压相当于数字 0。虽然二进制是计算机的基本单位，但是我们在编程应用中是不会使用二进制的，因为二进制太麻烦了，如 10000 用二进制表示为 10011100010000，记忆与输写都不方便。

2.4.2　八进制

早期，由于计算机只支持二进制，而二进制不方便记忆与输入，为表示一个数值，用二进制往往是太长了，后来人们将三个二进制位分成一组，依次从 000 ～ 111 用数字 0 ～ 7 表示，一个组有 8 组值，因此叫八进制。在计算机中，以二进制为最小的基本单位叫作比特位。8 个位组成了字节型，1 字节 =11111111（二进制）=255（十进制），所以字节型的值范围是 0 ～ 255 共 256 个值。

2.4.3　十进制

十进制正是我们日常所用的自然数值，阿拉伯数字从 0 到 9 共 10 个值，每个十进制的数值在我们看到时就能立即认出来并知道它的值是多大，而不需要计算，所以在编程时代码输入用得最多的就是十进制数值了。

2.4.4　十六进制

使用 3 个二进制位表示的数据还是比较庞大，人们后来将 4 个二进制位表示为一个数，这时 4 个二进制位的组合方式一共有 16 种形式，因此叫作十六进制。十六进制除从 0 到 9 外，还增加 A、B、C、D、E、F 共 16 个值来表示。

在使用十六进制编程语言中，对于十六进制的数值一般输入 \$FF、0xFF 或 FFH 等。

十六进制的应用很广泛，从 0 到 255 之间若用十六进制来表示只需要两个 FF 符号即可。而短整数型最大值 65535 是 4 个 FFFF 符号，整数型最大值是 8 个 FFFFFFFF 符号。更多个字节的数据，若用十六进制来表示也都是每个字节以两个符号来表示。

2.4.5　进制的进位

二进制、十进制、八进制、十六进制的进位关系如下。

- 二进制：0 或 1 组成，满二进一。
- 八进制：0 ～ 7 组成，满八进一，以 0 开头。
- 十进制：0 ～ 9 组成，满十进一。
- 十六进制：0 ～ 9 和 ABCDEF 组成，满十六进一，以 0x 开头。

2.5　算术运算符

微课视频

运算符是一些特殊的符号，主要用于数学计算、比较大小和逻辑运算等。Python 运算符主要包括算术运算符、赋值运算符、比较（关系）运算符、逻辑运算符和位运算符。使用运算符将不同类型的数据按照一定的规则连接起来的式子称为表达式。例如，使用算术运算符连接起来的式子称为算术表达式，使用逻辑运算符连接起来的式子称为逻辑表达式。下面将对一些常用的运算符进行介绍。

算术运算符是处理四则运算的符号，在数字的处理中应用得最多。常用的算术运算符如表 2.4 所示。

表 2.4　常用的算术运算符

运　算　符	说　明	示　例	结　果
+	加	12.45+15	27.45
−	减	4.56−0.26	4.3
*	乘	5*3.6	18.0
/	除	7/2	3.5
%	求余，即返回除法的余数	7%2	1
//	取整除，即返回商的整数部分	7//2	3
**	幂，即返回 x 的 y 次方	2**4	16

📋 学习笔记

在算术运算符中使用"%"求余，如果除数（第二个操作数）是负数，那么取得的结果也是一个负数。

算术运算符可以直接对数字进行运算，下面是对数字进行计算的示例。

```
01 print (3+5)                    # 数字 3 与 5 相加
02 print (3-5)                    # 数字 3 与 5 相减
03 print (3*5)                    # 数字 3 与 5 相乘
04 print (3/5)                    # 数字 3 与 5 相除
05 print (3%5)                    # 数字 3 与 5 求余
06 print (5%4)                    # 数字 5 与 4 求余
07 print (3//5)                   # 数字 3 与 5 取整除
08 print (7//3)                   # 数字 7 与 3 取整除
09 print (2**3)                   # 数字 2 的 3 次方
10 print (3**5)                   # 数字 3 的 5 次方
```

运行结果如图 2.14 所示。

```
8
-2
15
0.6
3
1
0
2
8
243
```

图 2.14　运行结果

算术运算符也可以对变量进行运算，下面是对变量 a、b 和 c 进行计算的示例。

```
01  a=17
02  b=15
03  c=3
04  print (a+b)
05  print (a-b)
06  print (a*b)
07  print (a/b)
08  print (a%b)
09  print (b%c)
10  print (a//c)
11  print (b//c)
12  print (b**c)
```

运行结果如图 2.15 所示。

```
32
2
255
1.1333333333333333
2
0
5
5
3375
```

图 2.15　运行结果

在 Python 中进行数学计算时，与我们学过的数学中运算符优先级是一致的。

● 先乘除后加减。

● 同级运算符从左至右进行计算。

● 可以使用"()"调整计算的优先级。

算术运算符优先级由高到最低顺序排列如下。

● 第一级：**。

- 第二级：*、/、%、//。

- 第三级：+、-。

在 Python 中，* 运算符还可以用于字符串中，计算结果就是字符串重复指定次数的结果。下面是使用 * 运算符的示例。

```
01  print("M"*10)                    # 输出 10 个 M
02  print("@"*10)                    # 输出 10 个 @
03  print(" "*10 ,"M"*5)             # 先输出 10 个空格，在输出 5 个 M
```

运行结果如图 2.16 所示。

图 2.16　运行结果

📖 学习笔记

当使用除法（/ 或 //）运算符进行和求余运算时，除数不能为 0，否则会出现异常，如图 2.17 所示。

```
>>> 5//0
Traceback (most recent call last):
    File "<pyshell#5>", line 1, in <module>
        5//0
ZeroDivisionError: integer division or modulo by zero
>>> 5/0
Traceback (most recent call last):
    File "<pyshell#6>", line 1, in <module>
        5/0
ZeroDivisionError: division by zero
>>> 5%0
Traceback (most recent call last):
    File "<pyshell#7>", line 1, in <module>
        5%0
ZeroDivisionError: integer division or modulo by zero
```

图 2.17　除数为 0 时出现的错误提示

2.6　赋值运算符

微课视频

赋值运算符主要用于为变量等赋值。使用时，可以直接把赋值运算符 "=" 右边的值赋给左边的变量，也可以进行某些运算后再赋值给左边的变量。在 Python 中，常用的赋值运算符如表 2.5 所示。

表 2.5　常用的赋值运算符

运　算　符	说　　明	示　　例	展　开　形　式
=	简单的赋值运算	x=y	x=y
+=	加赋值	x+=y	x=x+y
-=	减赋值	x-=y	x=x-y
*=	乘赋值	x*=y	x=x*y
/=	除赋值	x/=y	x=x/y
%=	取余数赋值	x%=y	x=x%y
**=	幂赋值	x**=y	x=x**y
//=	取整除赋值	x//=y	x=x//y

📖 学习笔记

　　混淆 "=" 和 "==" 是编程中常见的错误。很多语言（不只是 Python）都使用了这两个符号，另外每天都有很多程序员用错这两个运算符。"=" 是赋值运算符，"==" 是比较运算符。

　　赋值运算符应用举例如下。

```
01  a=17
02  b=15
03  c=3
04  a=a+b                # a+b 的值复制给 a，此时 a 的值为 32
05  print (a)
06  a+=b                 # a=a+b，此时 a 的值为 47
07  print (a)
08  a-=b                 # a=a-b，此时 a 的值为 32
09  print (a)
10  a*=b                 # a=a*b，此时 a 的值为 480
11  print (a)
12  a/=b                 # a=a/b，此时 a 的值为 32
13  print (a)
14  a%=b                 # a=a%b，此时 a 的值为 2
15  print (a)
16  a**=c                # a=a**c，此时 a 的值为 8
17  print (a)
18  a//=c                # a=a//c，此时 a 的值为 2
19  print (a)
```

运行结果如图 2.18 所示。

```
32
47
32
480
32
2
8
2
```

图 2.18　运行结果

第 3 章　顺序结构语句与条件控制语句

计算机在解决某个具体问题时，主要有 3 种情形，分别是顺序执行所有的语句、选择执行部分语句和循环执行部分语句。对应程序设计中的 3 种基本结构是顺序结构、选择结构和循环结构。这 3 种结构在程序代码中的体现如下。

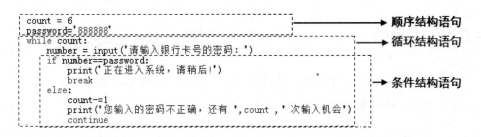

通过上面的代码特征，可以总结出结构化程序设计的 3 种基本结构，如图 3.1 所示。

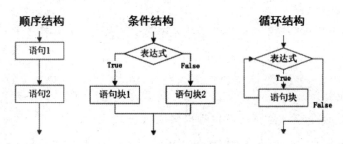

图 3.1　结构化程序设计的 3 种基本结构

本章将对 Python 中的顺序结构语句和条件控制语句进行介绍。

3.1　顺序结构语句

顺序结构语句就是按程序语句的自然顺序，从上到下，依次执行每条语句的程序。顺序结构语句是程序中最基础的语句，赋值语句、输入 / 输出语句、模块导入语句等都是顺序结构语句。

3.1.1　赋值语句

在 Python 中，任何一个变量，只要想用它，就要先赋值。语句格式如下：

变量 = 对象

对象可以是任何常数、已经有值的变量或表达式。但变量必须是一个明确的、已命名的变量。简单的赋值语句如下：

```
01  name='liuxin'                    # 将姓名"liuxin"赋值给变量
02  age=19                           # 将数值 19 赋值给变量
03  stra=strc=strc=10                # 为多个变量赋值
04  neme,info='liuxin',[20060207,' 师大附中高一三班 ',' 女 ']    # 分别赋值
```

在赋值时，可以将一个对象赋值给多个目标，每个目标变化，都会影响其他目标，这样的赋值称为多目标赋值或共享引用。例如：

```
01  lista=listb=[]
02  listb.append(' 杭州 ')
03  listb.append(' 宁波 ')
04  lista.append(' 温州 ')
05  print(lista,listb)# 输出为 [ ' 杭州 ', ' 宁波 ', ' 温州 ' ]      [ ' 杭州 ', ' 宁波 ', ' 温州 ' ]
```

📋 学习笔记

赋值语句是程序设计语言中最简单的、使用最多的语句，在程序设计过程中，赋值语句的使用是否合理、恰当，不但可以提高代码的执行效率，同时也可以反映一个程序员的基本编程能力，如表 3.1 所示的赋值语句，看看你已经掌握了几个。

表 3.1　赋值语句

赋值类别	细化分类	示　例	注　意
增强赋值运算	增强赋值运算	i+= 12	相当于 i = i + 12
序列分解赋值	元组分解赋值	name,age = 'liuxin',14	
	列表分解赋值	[nane,age]=['liuxin',14]	
	字符串分解赋值	a,b,c,d='xymn'	
扩展的序列解包	* 号匹配赋值	a,*b = 'spam'	

Python 中的增强赋值是从 C 语言中借鉴过来的，用法基本和 C 语言一致，采用二元表达式和赋值语句的结合，如使用"+"的赋值语句，a += b 相当于赋值语句 a = a + b。常用的运算符主要有 +=、-=、*=、/=、//=、**=、%=。位操作符有 ^=、<<=、|=、>>=、//=y。增强赋值语句代码如下：

```
01  i=5
02  s= 'go '
03  i+=6                      # 值为 11
04  s += 'big or go home'     # 值为 go big or go home
05  i-=2                      # 值为 9，i=11-2，i 延续 i+=6 后的值
06  i*=3                      # 值为 27，i= 9*3
07  s*=2                      # 值为 go big or go homego big or go home
08  i**=3                     # 值为 19683，i= 27*27*27
09  i/=4                      # 值为 4920.75，i= 19683/4，求商
10  i//=2                     # 值为 2460.0，i= 4920.75/2，求整除商（保留整数）
11  i%=7                      # 值为 3.0，i= 2460.0%7，表示求模，即求余数
12  x=12
13  y=20
14  # 值为 4（二进制数为 100），x=12=1100，y=20=10100，按位与赋值，只有 1&1 为 1，其他情况为 0
15  x&=y
16  # 值为 20（二进制数为 10100），x=4=100，y=20=10100，按位或赋值，只有 0|0 为 0，其他情况为 1
17  x|=y
18  # 值为 18（二进制数为 10100），x=20=10100，4=100，按位异或赋值，相同为 0，相异为 1
19  x^=4
20  x<<=4      # 值为 288（二进制数为 100100000），x=18=10100，4=100，按左移操作赋值
21  x>>=5      # 值为 9（二进制数为 1001），x=288=100100000，4=101，按右移操作赋值
```

📋 学习笔记

使用增强赋值语句的优点如下。

- 代码简洁，减少输入代码。
- 效率高，代码执行速度更快，如 x+=y，代码只执行一次，而 x=x+y，代码执行两次。
- 更易优化，对于支持在原处修改的对象，增强形式会自动执行原处的修改，而不是更慢的复制。

3.1.2 输入/输出语句

在程序中，很多数据是通过键盘输入的。通过键盘输入数据，不但可以增加程序与用户之间的交流互动，也可以实现程序对用户的有效识别与控制。输入/输出语句是典型的

顺序结构语句，代码如下：

```
01  num = int(input("请输入您的幸运数字："))
02  name =input("请输入您的姓名 :").strip( '')
03  age =input("请输入您的年龄 :").lstrip( '')
04  password= input('请输入您的密码：').upper()
05  name= input('请输入您的姓名: ').capitalize()
06  school= input('请输入您的学校: ').title()
07  print(password,name,school)
```

3.2 常用条件语句

程序中的选择语句也称为条件语句，即按照条件选择执行不同的代码段。Python 中选择语句主要有 3 种形式，分别为 if 语句、if…else 语句和 if…elif…else 语句。

3.2.1 if 语句

Python 中使用 if 保留字来组成选择语句，其语法格式如下：

```
if 表达式 :
    语句块
```

其中，表达式可以是一个单纯的布尔值或变量，也可以是比较表达式或逻辑表达式（例如，a > b and a != c）。如果表达式为真，则执行"语句块"；如果表达式为假，则跳过"语句块"，继续执行后面的语句。这种形式的 if 语句相当于汉语里的关联词语"如果……则……"，其流程图如图 3.2 所示。

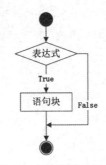

图 3.2 if 语句的流程图

在条件语句的表达式中，经常需要逻辑判断、比较操作和布尔运算，它们是条件语句（if，while）的基础，掌握了它们才能够更好地运用条件语句，如表 3.2 所示为条件语句中常用的比较运算符及其说明。

表 3.2　条件语句中常用的比较运算符及其说明

运　算　符	说　　明
<	小于
<=	小于或等于
>	大于
>=	大于或等于
==	等于
!=	不等于

如果你购买了一张彩票，现在公布出来的中奖号码是"432678"，那么使用 if 语句可以判断是否中奖，代码如下：

```
01  number = int(input("请输入您的 6 位奖票号码："))  # 输入奖票号码
02  if number  == 432678 :          # 判断是否符合条件，即输入奖票号码是否等于 432678
03      print(number,"你中了本期大奖，请速来领奖！！")  # 等于中奖号码，输出中奖信息
04  if number  != 432678 :          # 判断是否符合条件，即输入奖票号码不等于 432678
05      print(number,"你未中本期大奖！！")              # 不等于中奖号码，输出未中奖信息
```

在实际商品销售中，经常需要对商品的价格、销量进行分类，如果商品日销量大于或等于 100，那么可以用 A 来表示，使用 if 语句实现方法如下：

```
01  data = 105                      # 商品日销量为 105
02  if data >=100 :          # 判断是否符合条件，即日商品销量是否大于或等于 100
03      print(data,"此商品为 A 类商品！！")# 当商品日销量大于或等于 100 时，输出 A 类商品信息
```

如果商品日销量小于 100，那么可以用 B 来表示，使用 if 语句实现方法如下：

```
01  data =65                        # 商品日销量为 65
02  if data < 100 :                 # 判断是否符合条件，即商品日销量是否小于 100
03      print(data,"此商品为 B 类商品！！")  # 当商品日销量小于 100 时，输出 B 类商品信息
```

在开发程序时，有时需要判断某些元素是否在一定范围内，可以使用 in 或 not in。例如，在判断用户输入的内容时，经常需要判断用户输入的是数字还是字符，即对输入的内容进行验证。例如，要求用户输入一个小写字母，如果输入正确，那么提示用户"输入正确，将进入下一步操作!!"，使用 if 语句实现方法如下：

```
01  number = input("请输入一个小写字母：")        # 要求输入小写字母
02  if number  in range(97,123) :                # 如果输入符合条件，即输入小写字母
```

```
03      print("输入正确，将进入下一步操作！！")# 输出"输入正确，将进入下一步操作！！"
```

如果要求用户输入的是 0 ～ 9 之间的数字，输入非法字符则提示用户重新输入，使用 if 语句实现方法如下：

```
01  Number=[0,9]
02  if ord(input("请输入一个数字：")) not in range(48,58):
03   print("您输入错误，请重新输入！！")
```

有时可以直接利用字符串的真值进行逻辑判断，如果条件为真，则执行代码块；如果条件为假，则不执行代码块。例如，要求用户输入手机号码的 2 位尾数，如果输入的尾数为 "01"，则提示用户 "祝贺您获得特等奖!!"，使用 if 语句实现方法如下：

```
01  phone = input("请输入您的手机号码：")          # 要求用户输入手机号码
02  if phone.endswith('301'):                    # endswith, 字符的尾数
03      print("祝贺您获得特等奖！！")              # 输出"祝贺您获得特等奖！！"
```

📋 学习笔记

在使用 if 语句时，如果只有一条语句，语句块可以直接写到 "：" 的右侧，如下面的代码：

```
01  if a > b:max = a
```

但是，为了程序代码的可读性，建议不要这么做。

📋 学习笔记

if 语句后面未加冒号，如下面的代码：

```
01  number = 5
02  if number == 5
03      print("number 的值为5")
```

运行程序后，将产生如图 3.3 所示的语法错误。

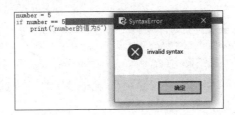

图 3.3　语法错误

解决的方法是在第 2 行代码的结尾处添加英文半角的冒号，正确的代码如下：

```
01  number = 5
```

```
02 if number == 5:
03     print("number 的值为 5")
```

3.2.2　if…else 语句

生活中经常遇到二选一的情况，例如，如果明天下雨，就去看电影，否则就去踢足球；如果密码输入正确，就进入网站，否则需要重新输入密码；如果购物金额超过 200 元，就可以返 100 元购物券，否则就只能参加加钱换购活动。Python 提供了 if…else 语句解决类似问题，其语法格式如下：

```
if 表达式：
    语句块 1
else:
    语句块 2
```

在使用 if…else 语句时，表达式可以是一个单纯的布尔值或变量，也可以是比较表达式或逻辑表达式。如果满足条件，则执行"语句块 1"，否则执行"语句块 2"。这种形式的选择语句相当于汉语里的关联词语"如果……否则……"，其流程图如图 3.4 所示。

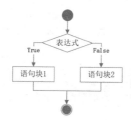

图 3.4　if…else 语句的流程图

在登录网站时，通常需要输入用户名称和登录密码，然后验证是否为网站的注册用户。现在使用 if…else 语句来判断用户输入的用户名称是否正确。假设用户名称为 mingri，如果用户名称输入正确，则输出"正在登录网站，请稍后！！"；如果用户名称输入错误，则输出"输入用户名称有误，请重新输入！！"。

```
01 user = int(input("用户名称：")))        # 输入用户名称
02 # 判断输入的用户名称是否符正确，即输入用户名称是否等于"mingri"
03 if user== "mingri" :
04 # 如果输入的用户名称等于"mingri"，则输出"正在登录网站，请稍后！！"
05     print("正在登录网站，请稍后！！")
06 else:
07 # 如果输入的用户名称错误，则输出"输入用户名称有误，请重新输入！！"
08     print("输入用户名称有误，请重新输入！！")
```

上面的代码只对用户名称进行了验证，下面同时对用户名称和登录密码进行验证，这时需要使用 and 运算符，代码如下：

```
01  myuser="mingri"                        # 网站注册用户名称
02  mypwd="888888"                         # 网站注册登录密码
03  user = input("用户名称:")
04  pwd = input("登录密码:")
05  # 判断输入的用户名称和登录密码是否正确，即输入的用户名称是否等于"mingri"，登录密码是
06  # 否为"888888"
07  if user == myuser and pwd ==mypwd:
08      print ("恭喜你，登录成功! ")
09  else:
10      print ("登录失败! ")
```

微课视频

3.2.3　if…elif…else 语句

if…elif…else 语句是一个多分支选择语句，通常表现为"如果满足某种条件，进行某种处理；否则，如果满足另一种条件，则执行另一种处理"。if…elif…else 语句的语法格式如下：

```
if 表达式 1:
    语句块 1
elif 表达式 2:
    语句块 2
elif 表达式 3:
    语句块 3
…
else:
    语句块 n
```

在使用 if…elif…else 语句时，表达式可以是一个单纯的布尔值或变量，也可以是比较表达式或逻辑表达式。如果表达式为真，则执行语句；如果表达式为假，则跳过该语句，进行下一个 elif 的判断；只有在所有表达式都为假的情况下，才会执行 else 中的语句。if…elif…else 语句的流程图如图 3.5 所示。

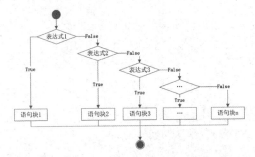

图 3.5　if…elif…else 语句的流程图

学习笔记

if 和 elif 都需要判断表达式的真假，而 else 则不需要判断；另外，elif 和 else 都必须跟 if 一起使用，不能单独使用。

当大家还在谈论"00 后"，"10 后"时，"20 后"马上就要出生了。根据输入的出生年份，可以判断属于哪个年龄阶层。例如，输入 1985，输出"您属于 80 后，任重道远！"；输入 1978，输出"您属于 70 后，老骥伏枥！"；输入 1997，输出"您属于 90 后，劈波斩浪！"；输入 2000，输出"您属于 00 后，柳暗花明！"；输入 2012，输出"您属于 10 后，前程似锦！"，代码如下：

```
01  year = int(input(' 请输入您的出生年份：\n '))
02  if year >= 2010:
03      print(' 您属于 10 后，前程似锦！ ')
04  elif 2010>year>=2000:
05      print(' 您属于 00 后，柳暗花明！ ')
06  elif 2000>year >=1990:
07      print(' 您属于 90 后，劈波斩浪！ ')
08  elif 1990>year >=1980:
09      print(' 您属于 80 后，任重道远！ ')
10  elif 1980>year >=1970:
11      print(' 您属于 70 后，老骥伏枥！ ')
```

上面的代码需要注意的是年份边界的控制，如"00 后"的年份边界是 2010>year >=2000，边界不能包括 2010，但必须包括 2000。选择条件 2010>year > =2000 也可以写成 year > =2000 and year <2010。另外，elif 语句也可以用 else…if 语句替代，只是代码会变得比较复杂，可读性没有 elif 好，如上面代码用 else…if 实现如下：

```
01  year = int(input(' 请输入您的出生年份：\n '))
02  if year >=2010:
03      print(' 您属于 10 后，前程似锦！ ')
04  else:
05      if 2010>year >=2000:
06          print(' 您属于 00 后，柳暗花明！ ')
07      else:
08          if 2000>year>=1990:
09              print(' 您属于 90 后，劈波斩浪！ ')
10          else:
11              if 1990>year >=1980:
12                  print(' 您属于 80 后，任重道远！ ')
```

```
13          else:
14              if 1980>year >=1970:
15                  print('您属于 70 后,老骥伏枥! ')
```

3.3　if 语句的嵌套

前面介绍了 3 种形式的 if 选择语句,这 3 种形式的选择语句之间都可以进行相互嵌套。

在最简单的 if 语句中嵌套 if…else 语句,语法格式如下:

```
if 表达式1:
    if 表达式2:
        语句块1
    else:
        语句块2
```

在 if…else 语句中嵌套 if…else 语句,语法格式如下:

```
if 表达式1:
    if 表达式2:
        语句块1
    else:
        语句块2
else:
    if 表达式3:
        语句块3
    else:
        语句块4
```

　　象限是平面直角坐标系中横轴和纵轴所划分的四个区域,每一个区域叫作一个象限。象限以原点为中心,x 轴、y 轴为分界线。右上的称为第一象限(x>0,y>0),左上的称为第二象限(x<0,y>0),左下的称为第三象限(x<0,y<0),右下的称为第四象限(x>0,y<0)。坐标轴上的点不属于任何象限,象限关系如图 3.6 所示。如果想要编写一个程序,根据用户输入的坐标值,判断用户输入的坐标属于第几象限,可以使用 if 嵌套语句来对输入的 x 值、y 值进行判断,从而实现对输入坐标点象限的判定。设计坐标点象限判断算法如图 3.7 所示,根据算法,编写代码如下:

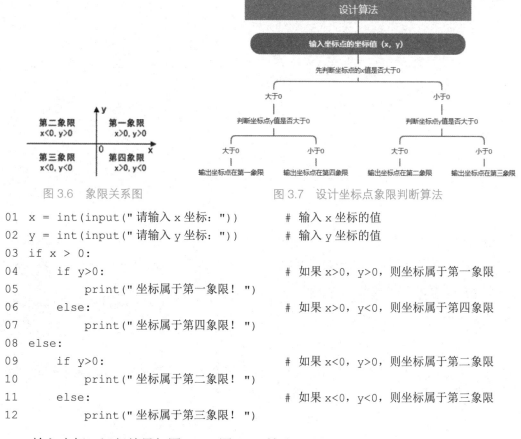

图 3.6　象限关系图　　　　　　　　图 3.7　设计坐标点象限判断算法

```
01  x = int(input("请输入x坐标:"))          # 输入 x 坐标的值
02  y = int(input("请输入y坐标:"))          # 输入 y 坐标的值
03  if x > 0:
04      if y>0:                            # 如果 x>0，y>0，则坐标属于第一象限
05          print("坐标属于第一象限！")
06      else:                              # 如果 x>0，y<0，则坐标属于第四象限
07          print("坐标属于第四象限！")
08  else:
09      if y>0:                            # 如果 x<0，y>0，则坐标属于第二象限
10          print("坐标属于第二象限！")
11      else:                              # 如果 x<0，y<0，则坐标属于第三象限
12          print("坐标属于第三象限！")
```

输入坐标，运行结果如图 3.8 ～图 3.10 所示。

```
请输入x坐标：10            请输入x坐标：-200          请输入x坐标：300
请输入y坐标：50            请输入y坐标：600           请输入y坐标：-700
坐标属于第一象限！         坐标属于第二象限！          坐标属于第四象限！
```

图 3.8　x>0，y>0 属于第一象限　　图 3.9　x<0，y>0 属于第二象限　　图 3.10　x>0，y<0 属于第四象限

学习笔记

　　if 语句可以有多种嵌套方式，用户在开发程序时可以根据自身需要选择合适的嵌套方式，但一定要严格控制好不同级别代码块的缩进量。

3.4　使用 and 连接条件的选择语句

　　在实际工作中，经常会遇到需要同时满足两个或两个以上条件才能执行 if 后面的语句

块，如图 3.11 所示。

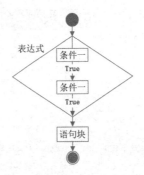

图 3.11　and 语句的流程图

and 是 Python 的逻辑运算符，可以使用 and 进行多个条件内容的判断。只有同时满足多个条件，才能执行 if 后面的语句块。例如，年龄在 18 周岁以上 70 周岁以下，可以申请小型汽车驾驶证。可以分解为两个条件：

- 年龄在 18 周岁以上，即"年龄 >=18"。

- 70 周岁以下，即"年龄 <=70"。

使用 and 来实现满足这两个条件的判断，输入年龄 >=18，年龄 <=70，使用 print() 函数输出"您可以申请小型汽车驾驶证！"，代码如下：

```
01  age = int(input("请输入您的年龄："))          # 输入年龄
02  if age >= 18  and age <= 70:                 # 判断输入年龄是否为 18 岁～ 70 岁
03      print("您可以申请小型汽车驾驶证！")       # 输出"您可以申请小型汽车驾驶证！"
```

其实，不使用 and 语句，只使用 if 语句嵌套，也可以实现上面的效果，代码如下：

```
01  age = int(input("请输入您的年龄："))          # 输入年龄
02  if age  >= 18 :                              # 判断输入年龄是否为 18 岁～ 70 岁
03      if age  <= 70:
04          print("您可以申请小型汽车驾驶证！")   # 输出"您可以申请小型汽车驾驶证！"
```

求除以三余二，除以五余三，除以七余二的数，利用 and 连接多个条件语句实现，代码如下：

```
01  print("今有物不知其数，三三数之剩二，五五数之剩三，七七数之剩二，问几何？\n")
02  number = int(input("请输入您认为符合条件的数："))      # 输入一个数
03  if number%3 == 2 and number%5 == 3 and number%7 == 2:  # 判断是否符合条件
04      print(number,"符合条件：三三数之剩二，五五数之剩三，七七数之剩二")
```

当输入 23 时，运行结果如图 3.12 所示。

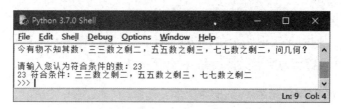

图 3.12　输入的是符合条件的数

当输入 17 时，运行结果如图 3.13 所示。

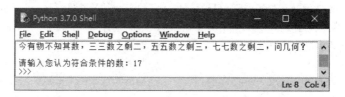

图 3.13　输入的是不符合条件的数

学习笔记

　　当输入不符合条件的数时，程序没有任何反应，读者可以自己编写相关代码解决该问题。

3.5　使用 or 连接条件的选择语句

有时，会遇到只需要满足两个或两个以上条件之一，就能执行 if 后面的语句块，如图 3.14 所示。

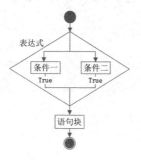

图 3.14　使用 or 连接条件语句的流程图

or 是 Python 的逻辑运算符，可以使用 or 进行多个条件内容的判断。只要满足一个条件，就可以执行 if 后面的语句块。例如，将日销量低于 10 的商品，高于 100 的商品，列为重点关注商品。使用 or 实现两个条件的判断，输入的日销量 <10 或日销量 >100，使用 print() 函数输出"该该商品为重点关注商品"，代码如下：

```
01  sales = int(input("请输入商品日销量")) # 输入商品日销量
02  if sales <10 or sales > 100:          # 判断条件
03      print("该商品为重点关注商品")       # 输出"该商品为重点关注商品"
```

不用 or 语句，只用两个简单的 if 语句，也可以实现上面的效果，代码如下：

```
01  sales = int(input("请输入商品日销量")) # 输入商品日销量
02  if sales <10 :                        # 判断条件
03      print("该商品为重点关注商品")       # 输出"该商品为重点关注商品"
04  if  sales > 100:                      # 判断条件
05      print("该商品为重点关注商品")       # 输出"该商品为重点关注商品"
```

3.6 使用 not 关键字的选择语句

在开发程序中，用户可能面临如下情况。

● 如果变量值不为空值，则输出"You win！"，否则输出"You lost！"。

● 在输入密码时，输入非数字均认为非法输入。

用户可以使用 not 关键字进行上面程序的判断。not 为逻辑运算符，用于布尔型 True 和 False。not 与条件判断语句 if 连用，当 not 后面的表达式为 False 时，执行冒号后面的语句，示例代码如下：

```
01  data = None
02  if not data:          # 代码并没有为 data 赋值，所以 data 是空值，即 data 为 False
03      print("You lost!") # 输出结果为"You lost!"
04  else:
05      print("You win!")  # 输出结果为"You win!"
```

上面的程序输出结果为"You lost！"。需要注意的是，当 not 后面的表达式为 False 时，执行冒号后面的语句，所以 not 后面的表达式的值尤为关键。如果在代码前加入：

```
01  data ="a"
```

则输出结果为"You win！"。

学习笔记

> 在 Python 中，False、None、空字符串、空列表、空字典、空元组都相当于 False。

"if x is not None" 是最好的写法，不仅清晰，而且不会出现错误，以后请坚持使用这种写法。使用 "if not x" 这种写法的前提是，必须清楚当 x 等于 None、False、空字符串、0、空列表、空字典、空元组时，对判断没有影响才行。

在 Python 中，要判断特定的值是否存在列表中，可以使用关键字 in；判断特定的值不存在列表中，可以使用关键字 not in。例如，在输入密码时，输入非数字均认为是非法输入，代码如下：

```
01  a = input("请输入 1 位数字密码 ")              # 输入数字密码
02  b = ['0','1','2','3','4','5','6','7','8','9']   # 设定数字密码的数字列表
03  if a not in b:                                  # 输入内容未在数字列表中
04      print("非法输入")                           # 输出"非法输入"
```

运行程序，通过键盘输入 1 位数字，没有任何提示；如果输入非数字，则输出"非法输入"。

第 4 章　循环结构语句

日常生活中有很多问题都无法一次解决，如盖楼，所有高楼都是一层一层地垒起来的。还有一些事物必须要周而复始地运转才能保证其存在的意义，如公交车、地铁等交通工具必须每天往返于始发站和终点站之间。类似这样反复做同一件事的情况称为循环。循环主要有以下两种类型。

- 重复一定次数的循环，称为计次循环，如 for 循环。
- 一直重复，直到条件不满足时才结束的循环，称为条件循环。只要条件为真，这种循环会一直持续下去，如 while 循环。

4.1　for 循环

微课视频

for 循环是一个计次循环，通常适用于枚举或遍历序列，以及迭代对象中的元素。一般应用在循环次数已知的情况下。

语法格式如下：

```
for 迭代变量 in 对象:
    循环体
```

其中，迭代变量用于保存读取出的值；对象为要遍历或迭代的对象，该对象可以是任何有序的序列对象，如字符串、列表和元组等；循环体为一组被重复执行的语句。

for 循环语句的执行流程如图 4.1 所示。

我们用现实生活中的示例来理解 for 循环的执行流程。在体育课上，体育老师要求学生们排队进行踢毽球测试，每个学生只有一次机会，如果毽球落地则换另一个学生，直到全部学生都测试完毕，循环结束。

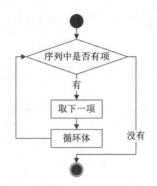

图 4.1 for 循环语句的执行流程图

1. 进行数值循环

在使用 for 循环时，最基本的应用就是进行数值循环。循环可以帮助我们解决很多重复的输入或计算问题，可以利用数值循环输出 3 遍"笑傲江湖"，代码如下：

```
01  for i in [1, 2, 3]:
02      print(" 笑傲江湖 ")                    # 输出"笑傲江湖"
```

运行结果如图 4.2 所示。

利用数值循环输出列表的值，如输出 [" 明日 "," 科技 ", " 与您 ", " 同行 "] 中的值，代码如下：

```
01  for i in [" 明日 "," 科技 ", " 与您 ", " 同行 "]:
02      print(i)                          # 输出"明日""科技""与您""同行"
```

运行结果如图 4.3 所示。

图 4.2 输出 3 遍"笑傲江湖"　　　　　　图 4.3 输出列表的值

利用列表可以输出一些简单重复的内容，但如果循环次数过多，如要实现从 1 到 100 的累加该如何实现呢？这时就需要使用 range() 函数，利用 range() 函数实现的代码如下：

```
01  print(" 计算 1+2+3+……+100 的结果为：")
02  result = 0                            # 保存累加结果的变量
03  for i in range(101):
04      result += i                       # 实现累加功能
05  print(result)                         # 在循环结束时输出结果
```

在上面的代码中，使用了 range() 函数，该函数是 Python 内置的函数，用于生成一系列连续的整数，多用于 for 循环语句中，其语法格式如下：

```
range(start,end,step)
```

参数说明如下。

- start：用于指定计数的起始值，可以省略，如果省略则从 0 开始。
- end：用于指定计数的结束值（但不包括该值，如 range(7) 得到的值为 0 ~ 6（不包括 7），该参数不能省略。当 range() 函数中只有一个参数时，即表示指定计数的结束值。
- step：用于指定步长，即两个数之间的间隔可以省略，如果省略 step 则表示步长为 1。例如，rang(1,7) 将得到 1、2、3、4、5、6。

学习笔记

在使用 range() 函数时，如果只有一个参数，则表示指定的是 end；如果有两个参数，则表示指定的是 start 和 end；只有当三个参数都存在时，最后一个参数才表示步长。

例如，使用下面的 for 循环语句，将输出 10 以内的所有奇数，代码如下：

```
01  for i in range(1,10,2):
02      print(i,end = ' ')
```

得到的结果如下：

```
1 3 5 7 9
```

学习笔记

在 Python 2.x 中，如果想让 print 语句输出的内容在一行上显示，可以在后面添加逗号（例如，"print i,"），但是在 Python 3.x 中，在使用 print() 函数时，不能直接添加逗号，需要添加 ",end = '分隔符'"，在上面的代码中使用的分隔符为一个空格。

2. 遍历字符串

使用 for 循环语句除了可以循环数值，还可以逐个遍历字符串。例如，下面的示例可以将横向显示的字符串转换为纵向显示，代码如下：

```
01  string = '天道酬勤'
02  print(string)                    # 横向显示
03  for ch in string:
04      print(ch)                    # 纵向显示
```

运行结果如图 4.4 所示。

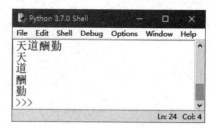

图 4.4　将字符串转换为纵向显示

4.2　while 循环

微课视频

while 循环是通过一个条件来控制是否要继续反复执行循环体中的语句。

语法格式如下：

```
while 条件表达式 :
    循环体
```

学习笔记

循环体是指一组被重复执行的语句。

当条件表达式的返回值为 True 时，则执行循环体中的语句；执行完毕后，重新判断条件表达式的返回值，直到表达式返回的结果为 False，退出循环。while 循环语句的执行流程如图 4.5 所示。

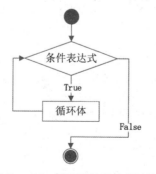

图 4.5　while 循环语句的执行流程图

我们以现实生活中的示例来理解 while 循环的执行流程。在体育课上，体育老师要求学生沿着环形操场跑圈。当听到老师吹的哨子声时就停下来。学生每跑一圈，可能会请求一次老师吹哨子。如果老师吹哨子，则学生停下来，即循环结束；否则学生继续跑步，即执行循环。

下面利用 while 循环输出 3 遍"笑傲江湖"，代码如下：

```
01  i=1
02  while i <= 3:
03      print("笑傲江湖 ")          # 输出"笑傲江湖"
04      i =i+1
```

运行结果如图 4.6 所示。

```
笑傲江湖
笑傲江湖
笑傲江湖
```

图 4.6　利用 while 循环输出 3 遍"笑傲江湖"

在取款机上取款时需要输入 6 位银行卡密码。下面我们模拟一个简单的取款机（只有 1 位密码），每次要求用户输入 1 位数字密码，如果密码输入正确，则输出"密码正确，正进入系统！"；如果密码输入错误，则输出"密码错误，已经输错 i 次"；如果连续输入 6 次错误密码，则输出"密码错误 6 次，请与发卡行联系！！"，代码如下：

```
01  password = 0
02  i = 1
03  while i < 7:
04      num = input("请输入一位数字密码! ")
05      num =int(num)                         # 记录用户输入
06      if  num == password  :               # 判断密码是否正确
07          print("密码正确，正进入系统! "  )
08          i =7
09      else:
10          print("密码错误，已经输错 " , i ,"次")
11      i+=1                                 # 次数加 1
12  if i== 7:
13      print("密码错误 6 次，请与发卡行联系!! ")
```

上面的代码使用了 int() 内置函数，目的是让输入的数字或进制数转化为整型，例如：

```
01  int(3.61) = 3
02  int(3) = 3
```

运行程序，根据提示输入密码，输错一次还可以继续输入密码，如图 4.7 所示。

如果密码输入正确，则提示"密码正确，正在进入系统！"，如图 4.8 所示。

请输入一位数字密码！1
密码错误，已经输错 1 次

图 4.7 输入错误密码时的提示

请输入一位数字密码！0
密码正确，正进入系统！

图 4.8 输入正确密码时的提示

如果输入密码错误超过 6 次，则提示用户与发卡行联系，运行结果如图 4.9 所示。

请输入一位数字密码！1
密码错误，已经输错 6 次
密码错误6次，请与发卡行联系！！

图 4.9 输入 6 次错误密码时的提示

示例：用 while 循环求除以三余二、除以五余三，除以七剩二的数。

使用 while 循环语句实现从 1 开始依次尝试符合条件的数，直到找到符合条件的数，才退出循环。具体的实现方法是，首先定义一个用于计数的变量 number 和一个作为循环条件的变量 none（默认值为真），然后编写 while 循环语句。在循环体中，将变量 number 的值加 1，并且判断 number 的值是否符合条件，当符合条件时，将变量 none 设置为假，从而退出循环，代码如下：

```
01  print(" 今有物不知其数，三三数之剩二，五五数之剩三，七七数之剩二，问几何？ \n")
02  none = True                                      # 作为循环条件的变量
03  number = 0                                       # 计数的变量
04  while none:
05      number += 1                                  # 计数加 1
06      if number%3 ==2 and number%5 ==3 and number%7 ==2:   # 判断是否符合条件
07          print(" 答曰：这个数是 ",number)          # 输出符合条件的数
08          none = False                             # 将循环条件的变量赋值为否
```

运行结果如图 4.10 所示。从图 4.10 中可以看出第一个符合条件的数是 23，这就是想要的答案。

图 4.10 while 循环解题法

在使用 while 循环语句时，一定不要忘记添加将循环条件变为 False 的代码（例如，以上示例的 none=False 语句一定不能少），否则会产生死循环。

4.3 循环嵌套

微课视频

在 Python 中，允许在一个循环体中嵌入另一个循环，这称为循环嵌套。例如，在电影院找座位号，需要知道第几排第几列才能准确找到自己的座位号。假如寻找如图 4.11 所示的第二排第三列的座位号，首先需要寻找第二排，然后在第二排寻找第三列，这个寻找座位的过程类似于循环嵌套。

图 4.11 寻找座位

在 Python 中，for 循环和 while 循环都可以进行循环嵌套。

在 while 循环中套用 while 循环的语法格式如下：

```
while 条件表达式 1:
    while 条件表达式 2:
        循环体 2
    循环体 1
```

在 for 循环中套用 for 循环的语法格式如下：

```
for 迭代变量 1 in 对象 1:
    for 迭代变量 2 in 对象 2:
```

```
        循环体 2
    循环体 1
```

在 while 循环中套用 for 循环的语法格式如下：

```
while 条件表达式：
    for 迭代变量 in 对象：
        循环体 2
    循环体 1
```

在 for 循环中套用 while 循环的语法格式如下：

```
for 迭代变量 in 对象：
    while 条件表达式：
        循环体 2
    循环体 1
```

除了上面介绍的 4 种嵌套格式，还可以实现更多层的嵌套，因为方法与上面的类似，所以这里就不再一一列出。

4.4　跳转语句

当循环条件一直满足时，程序将会一直执行下去，就像一辆迷路的车，在某个地方不停地转圆圈。如果希望在中间离开循环，也就是在 for 循环结束计数之前，或者在 while 循环找到结束条件之前，有以下两种方法可以实现

- 使用 break 语句完全终止循环。
- 使用 continue 语句直接跳到下一次循环。

4.4.1　break 语句

微课视频

break 语句可以终止当前的循环，包括 while 和 for 在内的所有控制语句。以独自一人沿着操场跑步为例，原计划跑 10 圈。可是在跑到第 2 圈时，由于某种原因终止跑步，这就相当于使用了 break 语句提前终止了循环。break 语句的语法比较简单，只需要在相应的 while 语句或 for 语句中加入即可。

📋 **学习笔记**

　　break 语句一般会结合 if 语句搭配使用，表示在某种条件下，跳出循环。如果使用嵌套循环，break 语句将跳出最内层的循环。

　　在 while 语句中使用 break 语句的语法格式如下：

```
while 条件表达式 1:
    执行代码
    if 条件表达式 2:
        break
```

　　其中，条件表达式 2 用于判断何时调用 break 语句跳出循环。在 while 语句中使用 break 语句的流程如图 4.12 所示。

　　在 for 语句中使用 break 语句的语法格式如下：

```
for 迭代变量 in 对象:
    if 条件表达式:
        break
```

　　其中，条件表达式用于判断何时调用 break 语句跳出循环。在 for 语句中使用 break 语句的流程如图 4.13 所示。

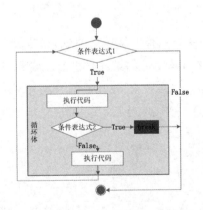
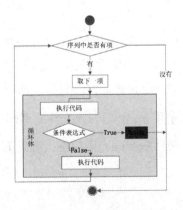

图 4.12　在 while 语句中使用 break 语句的流程图　　图 4.13　在 for 语句中使用 break 语句的流程图

4.4.2　continue 语句

微课视频

　　continue 语句的作用没有 break 语句强大，它只能终止本次循环而提前进入下一次循环中。仍然以独自一人沿着操场跑步为例，原计划跑步 10 圈。当跑到第 2 圈一半时，由于某种原因果断停下来，跑回起点等待，然后从第 3 圈开始继续跑步。

continue 语句的语法比较简单，只需要在相应的 while 语句或 for 语句中加入即可。

学习笔记

> continue 语句一般会结合 if 语句搭配使用，表示在某种条件下，跳过当前循环的剩余语句，然后继续进行下一轮循环。如果使用嵌套循环，continue 语句将只跳过最内层循环中的剩余语句。

在 while 语句中使用 continue 语句的语法格式如下：

```
while 条件表达式1:
    执行代码
    if 条件表达式2:
        continue
```

其中，条件表达式 2 用于判断何时调用 continue 语句跳出循环。在 while 语句中使用 continue 语句的流程如图 4.14 所示。

在 for 语句中使用 continue 语句的语法格式如下：

```
for 迭代变量 in 对象：
    if 条件表达式：
        continue
```

其中，条件表达式用于判断何时调用 continue 语句跳出循环。在 for 语句中使用 continue 语句的流程如图 4.15 所示。

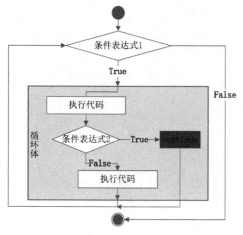

图 4.14　在 while 语句中使用 continue 语句的流程图

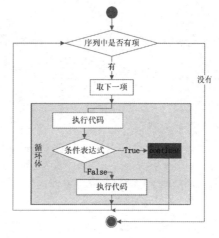

图 4.15　在 for 语句中使用 continue 语句的流程图

示例：逢七拍腿游戏。

几个朋友一起玩"逢七拍腿"游戏，即从 1 开始依次数数，当数到 7（包括尾数是 7 的情况）或 7 的倍数时，则不说出该数，而是拍一下腿。现在编写程序，从 1 数到 99，一共要拍多少次腿？（前提是每个人都没有出错的情况下。）

通过在 for 循环中使用 continue 语句实现"逢七拍腿"游戏，即从 1 数到 99，一共要拍多少次腿？代码如下：

```
01  total = 99                            # 记录拍腿次数的变量
02  for number in range(1,100):           # 创建一个从 1 到 100（不包括）的循环
03      if number % 7 ==0:                # 判断是否是 7 的倍数
04          continue                      # 继续下一次循环
05      else:
06          string = str(number)          # 将数值转换为字符串
07          if string.endswith('7'):      # 判断是否以数字 7 结尾
08              continue                  # 继续下一次循环
09      total -= 1                        # 可拍腿次数减 1
10  print("从 1 数到 99 共拍腿 ",total," 次。")   # 显示拍腿次数
```

运行结果如下：

从 1 数到 99 共拍腿 22 次。

第 5 章　列表和元组

在 Python 中序列是最基本的数据结构，它是一块用于存储多个值的连续内存空间。Python 中内置了 5 个常用的序列结构，分别是列表、元组、集合、字典和字符串。本章将详细介绍序列、列表和元组的使用方法。

5.1　序列

序列是一块用于存储多个值的连续内存空间，并且按一定顺序排列，每一个值（又被称为元素）都分配一个数字，称为索引或位置。通过该索引可以取出相应的值。例如，我们可以把一家酒店看作一个序列，那么可以把酒店里的每个房间都看作是这个序列的元素。而房间号就相当于索引，可以通过房间号找到对应的房间。

在 Python 中，序列结构主要有列表、元组、集合、字典和字符串。对于这些序列结构有以下几个通用的操作。

5.1.1　索引

序列中的每一个元素都有一个编号，也称为索引。这个索引是从 0 开始递增的，即下标为 0 表示第 1 个元素，下标为 1 表示第 2 个元素，以此类推，如图 5.1 所示。

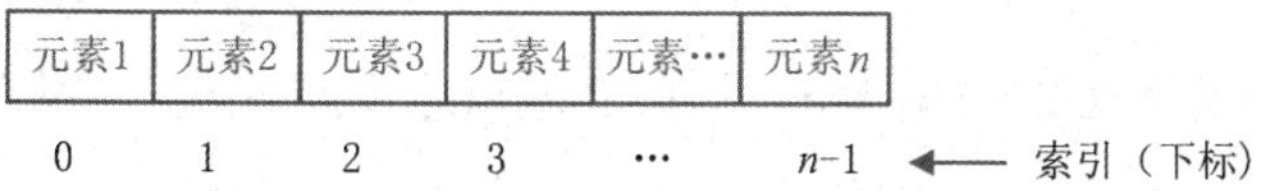

元素1	元素2	元素3	元素4	元素…	元素n
0	1	2	3	…	$n-1$

◀── 索引（下标）

图 5.1　序列的正数索引

Python 的索引可以是负数。这个索引从右向左计数，也就是从最后一个元素开始计数，即最后一个元素的索引值是 -1，倒数第 2 个元素的索引值为 -2，以此类推，如图 5.2 所示。

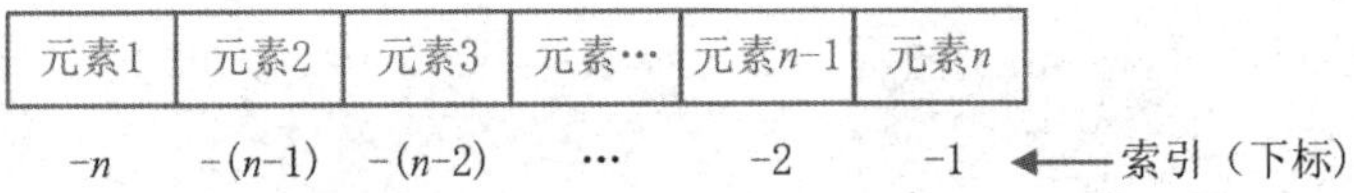

元素1	元素2	元素3	元素…	元素n-1	元素n

$-n$　　$-(n-1)$　$-(n-2)$　　…　　　　-2　　　　-1　◄──索引（下标）

图 5.2　序列的负数索引

学习笔记

在采用负数作为索引值时，是从 -1 开始的，而不是从 0 开始的，即最后一个元素的下标为 -1，这是为了防止与第 1 个元素重合。

通过索引可以访问序列中的任何元素。例如，定义一个包括 4 个元素的列表，要访问它的第 3 个元素和最后一个元素，代码如下：

```
01  verse = ["圣安东尼奥马刺","洛杉矶湖人"," 休斯顿火箭"," 金州勇士"]
02  print(verse[2])            # 输出第 3 个元素
03  print(verse[-1])           # 输出最后一个元素
```

运行结果如下：

```
休斯顿火箭
金州勇士
```

5.1.2　切片

微课视频

切片操作是访问序列中元素的一种方法，它可以访问一定范围内的元素。通过切片操作可以生成一个新的序列，实现切片操作的语法格式如下：

```
sname[start : end : step]
```

参数说明如下。

- sname：表示序列的名称。

- start：表示切片的开始位置（包括该位置），如果不指定该参数，则默认值为 0。

- end：表示切片的截止位置（不包括该位置），如果不指定该参数，则默认为序列的长度。

- step：表示切片的步长，如果省略该步长，则默认值为 1，当省略该步长时，最后一个冒号也可以省略。

学习笔记

在进行切片操作时，如果指定了步长，则会按照该步长遍历序列的元素，否则会逐个遍历序列。

例如，通过切片获取 NBA 历史上十大巨星列表中的第 2 个到第 5 个元素，以及获取第 1 个、第 3 个和第 5 个元素，代码如下：

```
01  nba = ["迈克尔·乔丹","比尔·拉塞尔","卡里姆·阿卜杜勒·贾巴尔","威尔特·张伯伦",
02        "埃尔文·约翰逊","科比·布莱恩特","蒂姆·邓肯","勒布朗·詹姆斯","拉里·伯德",
03        "沙奎尔·奥尼尔"]
04  print(nba[1:5])              # 获取第 2 个到第 5 个元素
05  print(nba[0:5:2])            # 获取第 1 个、第 3 个和第 5 个元素
```

运行结果如下：

```
['比尔·拉塞尔', '卡里姆·阿卜杜勒·贾巴尔', '威尔特·张伯伦', '埃尔文·约翰逊']
['迈克尔·乔丹', '卡里姆·阿卜杜勒·贾巴尔', '埃尔文·约翰逊']
```

学习笔记

如果想要复制整个序列，则可以将 start 和 end 参数都省略，但是中间的冒号需要保留。例如，nba[:] 表示复制整个名称为 nba 的序列。

5.1.3 序列相加

微课视频

在 Python 中，支持两种相同类型的序列进行相加操作。即将两个序列进行连接，使用加号（+）运算符实现。例如，将两个列表相加，代码如下：

```
01  nba1 = ["史蒂芬·库里","克莱·汤普森","马努·吉诺比利","凯文·杜兰特"]
02  nba2 = ["迈克尔·乔丹","比尔·拉塞尔","卡里姆·阿卜杜勒·贾巴尔","威尔特·张伯伦"]
03  print(nba1+nba2)
```

运行结果如下：

```
['史蒂芬·库里', '克莱·汤普森', '马努·吉诺比利', '凯文·杜兰特', '迈克尔·乔丹', '比尔·拉塞尔', '卡里姆·阿卜杜勒·贾巴尔', '威尔特·张伯伦']
```

从上面的运行结果中，可以看出两个列表被合为一个列表了。

📝 **学习笔记**

在进行序列相加时，相同类型的序列是指同为列表、元组或集合等，序列中的元素类型可以不同。例如，下面的代码也是正确的。

```
01  num = [7,14,21,28,35,42,49,56]
02  nba = [" 史蒂芬·库里 "," 克莱·汤普森 "," 马努·吉诺比利 "," 凯文·杜兰特 "]
03  print(num + nba)
```

运行结果如下：

[7, 14, 21, 28, 35, 42, 49, 56, ' 史蒂芬·库里 ', ' 克莱·汤普森 ', ' 马努·吉诺比利 ', ' 凯文·杜兰特 ']

但不能是列表和元组相加，或者列表和字符串相加。例如，下面的代码就是错误的。

```
01  num = [7,14,21,28,35,42,49,56,63]
02  print(num + " 输出是 7 的倍数的数 ")
```

运行上面的程序将产生如图 5.3 所示的异常信息。

```
Traceback (most recent call last):
  File "E:\program\Python\Code\datatype_test.py", line 2, in <module>
    print(num + "输出是7的倍数的数")
TypeError: can only concatenate list (not "str") to list
>>>
```

图 5.3　将列表和字符串相加产生的异常信息

5.1.4　乘法（Multiplying）

微课视频

在 **Python** 中，使用数字 *n* 乘以一个序列会生成新的序列。新序列的内容为原来序列被重复 *n* 次的结果。例如，下面的代码，实现将一个序列乘以 3，生成一个新的序列并输出，从而达到"重要事情说三遍"的效果。

```
01  phone = [" 华为 Mate 10","Vivo X21"]
02  print(phone * 3)
```

运行结果如下：

['华为Mate 10', 'Vivo X21', '华为 Mate 10', 'Vivo X21', '华为 Mate 10', 'Vivo X21']

在进行序列的乘法运算时，还可以实现初始化指定长度列表的功能。例如，下面的代码，将创建一个长度为 5 的列表，列表中的每个元素都是 None，表示什么都没有。

```
01  emptylist = [None]*5
02  print(emptylist)
```

运行结果如下：

```
[None, None, None, None, None]
```

5.1.5 检查某个元素是否是序列的成员

微课视频

在 Python 中，可以使用 in 关键字检查某个元素是否是序列的成员，即检查某个元素是否包含在该序列中，语法格式如下：

```
value in sequence
```

其中，value 表示要检查的元素，sequence 表示指定的序列。

例如，要检查名称为 nba 的序列中是否包含元素"凯文•杜兰特"，代码如下：

```
01  nba = [" 史蒂芬•库里 "," 克莱•汤普森 "," 马努•吉诺比利 "," 凯文•杜兰特 "]
02  print("凯文•杜兰特 " in nba)
```

运行上面的代码，将输出 True，表示在序列中存在指定的元素。

另外，在 Python 中，也可以使用 not in 关键字检查某个元素是否不包含在指定的序列中。例如，运行下面的代码，将输出 False。

```
01  nba = [" 史蒂芬•库里 "," 克莱•汤普森 "," 马努•吉诺比利 "," 凯文•杜兰特 "]
02  print("凯文•杜兰特 "  not in nba)
```

5.1.6 计算序列的长度、最大值和最小值

微课视频

在 Python 中，提供了内置函数用于计算序列的长度、最大值和最小值。使用 len() 函数计算序列的长度，即返回序列包含多少个元素；使用 max() 函数返回序列中的最大元素；使用 min() 函数返回序列中的最小元素。

例如，定义一个包括 9 个元素的列表，并通过 len() 函数计算列表的长度，代码如下：

```
01  num = [7,14,21,28,35,42,49,56,63]
02  print("序列 num 的长度为 ",len(num))
```

运行结果如下：

序列 num 的长度为 9

例如，定义一个包括 9 个元素的列表，并通过 max() 函数计算列表的最大元素，代码如下：

```
01  num = [7,14,21,28,35,42,49,56,63]
02  print("序列 ",num," 中最大值为 ",max(num))
```

运行结果如下：

序列 [7, 14, 21, 28, 35, 42, 49, 56, 63] 中最大值为 63

例如，定义一个包括 9 个元素的列表，并通过 min() 函数计算列表的最小元素，代码如下：

```
01  num = [7,14,21,28,35,42,49,56,63]
02  print("序列 ",num," 中最小值为 ",min(num))
```

运行结果如下：

序列 [7, 14, 21, 28, 35, 42, 49, 56, 63] 中最小值为 7

除了上面介绍的 3 个内置函数，Python 还提供了如表 5.1 所示的内置函数及其说明。

表 5.1　Python 提供的内置函数及其说明

函　　数	说　　明
list()	将序列转换为列表
str()	将对象转换为适合人们阅读的字符串格式
sum()	统计数值列表中各元素的和
sorted()	对列表进行排序
reversed()	反转序列生成新的迭代器
enumerate()	同时输出索引值和元素内容，多用在 for 循环中

5.2　列表

Python 中的列表由一系列按特定顺序排列的元素组成，它是 Python 中内置的可变序列。在形式上，列表的所有元素都放在一对中括号"[]"中，两个相邻元素之间使用逗号","分隔。在内容上，可以将整数、实数、字符串、列表、元组等任何类型的内容放到列表中，并且在同一个列表中，元素的类型可以不同，因为它们之间没有任何关系。由此可见，Python 中的列表是非常灵活的，这一点与其他语言是不同的。

5.2.1　列表的创建和删除

在 Python 中提供了多种创建列表的方法，下面分别进行介绍。

1. 使用赋值运算符直接创建列表

同其他类型的 Python 变量一样，在创建列表时，也可以使用赋值运算符 "=" 直接将一个列表赋值给变量，语法格式如下：

```
listname = [element 1,element 2,element 3,…,element n]
```

其中，listname 表示列表的名称，可以是任何符合 Python 命名规则的标识符；element 1、element 2、element 3、element n 表示列表中的元素，元素个数没有限制，并且只要是 Python 支持的数据类型就可以。

例如，下面定义的列表都是合法的。

```
01  num = [7,14,21,28,35,42,49,56,63]
02  verse = [" 圣安东尼奥马刺 "," 洛杉矶湖人 "," 金州勇士 "," 休斯顿火箭 "]
03  untitle = ['Python',28," 人生苦短，我用 Python",[" 爬虫 "," 自动化运维 "," 云计算 "
04  ,"Web 开发 "]]
05  python = [' 优雅 '," 明确 ",''' 简单 ''' ]
```

📋 **学习笔记**

> 　在使用列表时，虽然可以将不同类型的数据放到同一个列表中，但是，在通常情况下，我们不会这样做，而是在一个列表中只放入一种类型的数据，这样可以提高程序的可读性。

2. 创建空列表

在 Python 中，也可以创建空列表，例如，要创建一个名称为 emptylist 的空列表，代码如下：

```
01  emptylist = []
```

3. 创建数值列表

在 Python 中，数值列表很常用。例如，在考试系统中记录学生的成绩，或者在游戏中记录每个角色的位置，各个玩家的得分情况等都可以应用数值列表。在 Python 中，可以使用 list() 函数直接将 range() 函数循环出来的结果转换为列表。

list() 函数的语法格式如下：

```
list(seq)
```

其中，seq 表示可以转换为列表的数据，其类型可以是 range 对象、字符串、元组或其他可迭代的数据。

例如，创建一个 10 ~ 20 之间（不包括 20）所有偶数的列表，代码如下：

```
01  list(range(10, 20, 2))
```

运行结果如下：

```
[10, 12, 14, 16, 18]
```

学习笔记

当使用 list() 函数时，不仅能通过 range 对象创建列表，还可以通过其他对象创建列表。

4. 删除列表

对于已经创建的列表，不再使用时，可以使用 del 语句将其删除，语法格式如下：

```
del listname
```

其中，listname 为要删除列表的名称。

学习笔记

del 语句并不常用。因为 Python 自带的垃圾回收机制会自动销毁不用的列表，所以即使我们不手动将其删除，Python 也会自动将其回收。

例如，定义一个名称为 team 的列表，然后使用 del 语句将其删除，代码如下：

```
01  team = ["皇马","罗马","利物浦","拜仁"]
02  del team
```

在删除列表前，一定要保证输入的列表名称是已经存在的，否则会出现如图 5.4 所示的错误。

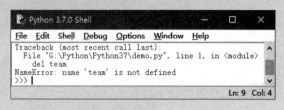

图 5.4 删除的列表不存在产生的异常信息

5.2.2 访问列表元素

微课视频

在 Python 中，如果想将列表的内容输出也比较简单，可以直接使用 print() 函数。例如，想要打印 untitle 列表，代码如下：

```
01 untitle = ['Python',28,"人生苦短，我用 Python",["爬虫 "," 自动化运维 "," 云计算 "
02 ,"Web 开发 "]]
03 print(untitle)
```

运行结果如下：

```
['Python', 28, '人生苦短，我用 Python', ['爬虫 ', ' 自动化运维 ', ' 云计算 ',
'Web 开发 ']]
```

从上面的运行结果可以看出，在输出列表时，包括左右两侧的中括号。如果不想要输出全部的元素，则可以通过列表的索引获取指定的元素。例如，想要获取列表 untitle 中索引为 2 的元素，代码如下：

```
01 print(untitle[2])
```

运行结果如下：

```
人生苦短，我用 Python
```

从上面的运行结果可以看出，在输出单个列表元素时，不包括中括号。如果是字符串，则不包括左右引号。

微课视频

5.2.3 遍历列表

遍历列表中的所有元素是常用的一种操作，在遍历的过程中可以完成查询、处理等功能。在生活中，如果想要去商场买一件衣服，就需要在商场中逛一遍，挑选是否有想要的衣服，逛商场的过程就相当于列表的遍历操作。在 Python 中有多种遍历列表的方法，下面介绍两种常用的方法。

1. 直接使用 for 循环实现

直接使用 for 循环遍历列表，只能输出元素的值，语法格式如下：

```
for item in listname:
    # 输出 item
```

其中，item 用于保存获取的元素值，当要输出元素内容时，直接输出该变量即可；listname 为列表名称。

例如，定义一个保存 2018 年俄罗斯世界杯四强的列表，然后通过 for 循环遍历该列表，并输出各个国家队的名称，代码如下：

```
01  print("2018 年俄罗斯世界杯四强：")
02  team = [" 法国 "," 比利时 "," 英格兰 "," 克罗地亚 "]
03  for item in team:
04      print(item)
```

运行结果如图 5.5 所示。

图 5.5　通过 for 循环遍历列表

2. 使用 for 循环和 enumerate() 函数实现

使用 for 循环和 enumerate() 函数可以实现同时输出索引值和元素内容的功能，语法格式如下：

```
for index,item in enumerate(listname):
    # 输出 index 和 item
```

参数说明如下。

- index：用于保存元素的索引。
- item：用于保存获取的元素值，当要输出元素内容时，直接输出该变量即可。
- listname：为列表名称。

例如，定义一个保存 2018 年俄罗斯世界杯四强的列表，然后通过 for 循环和 enumerate() 函数遍历该列表，并输出索引和球队名称，代码如下：

```
01  print("2018 年俄罗斯世界杯四强：")
02  team = [" 法国 "," 比利时 "," 英格兰 "," 克罗地亚 "]
03  for index,item in enumerate(team):
04      print(index + 1,item)
```

运行结果如下：

```
2018 年俄罗斯世界杯四强：
1 法国
2 比利时
3 英格兰
4 克罗地亚
```

5.2.4　添加、修改和删除列表元素

微课视频

添加、修改和删除列表元素也称为更新列表。我们在实际开发程序时，经常需要对列表进行更新。下面分别介绍如何实现列表元素的添加、修改和删除操作。

1. 添加元素

我们可以通过"+"运算符将两个序列连接，通过该方法也可以为列表添加元素。但是这种方法的执行速度要比直接使用列表对象的 append() 方法慢，所以建议在添加元素时，使用列表对象的 append() 方法实现。列表对象的 append() 方法用于在列表的末尾追加元素，语法格式如下：

```
listname.append(obj)
```

其中，listname 为要添加元素的列表名称；obj 为要添加到列表末尾的对象。

例如，定义一个包括 4 个元素的列表，然后使用 append() 方法向该列表的末尾再添加一个元素，代码如下：

```
01  phone = [" 摩托罗拉 "," 诺基亚 "," 三星 ","OPPO"]
02  len(phone)                          # 获取列表的长度
```

```
03  phone.append("iPhone")
04  len(phone)                              # 获取列表的长度
05  print(phone)
```

运行结果如图 5.6 所示。

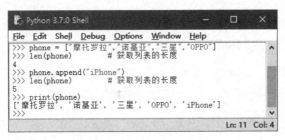

图 5.6　向列表中添加元素

📋 学习笔记

列表对象除了提供 append() 方法向列表中添加元素，还提供了 insert() 方法向列表中添加元素。该方法用于向列表的指定位置插入元素。但是由于该方法的执行效率没有 append() 方法高，所以不推荐使用 insert() 方法。

上面介绍的是向列表中添加一个元素，如果想要将一个列表中的全部元素添加到另一个列表中，则可以使用列表对象的 extend() 方法实现。extend() 方法的语法格式如下：

```
listname.extend(seq)
```

其中，listname 为原列表，seq 为要添加的列表。语句执行后，seq 的内容将追加到 listname 的后面。

2. 修改元素

修改列表中的元素只需要通过索引获取该元素，然后为其重新赋值即可。例如，定义一个保存 3 个元素的列表，然后修改索引值为 2 的元素，代码如下：

```
01  verse = [" 德国队小组赛回家 "," 西班牙传控打法还有未来吗 ","C 罗一人对抗西班牙队 "]
02  print(verse)
03  verse[2] = " 梅西、C 罗相约回家 "            # 修改列表的第 3 个元素
04  print(verse)
```

运行结果如图 5.7 所示。

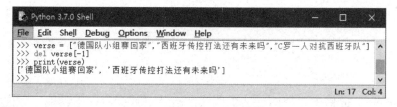

图 5.7　修改列表中的指定元素

3. 删除元素

删除元素主要有两种情况：一种是根据索引删除；另一种是根据元素值删除。

● 根据索引删除。

删除列表中的指定元素和删除列表类似，也可以使用 del 语句实现。所不同的是在指定列表名称时，换为列表元素。例如，定义一个保存 3 个元素的列表，删除最后一个元素，代码如下：

```
01  verse = [" 德国队小组赛回家 "," 西班牙传控打法还有未来吗 ","C 罗一人对抗西班牙队 "]
02  del verse[-1]                           # 删除列表的第 3 个元素
03  print(verse)
```

运行结果如图 5.8 所示。

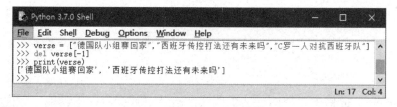

图 5.8　删除列表中的指定元素

● 根据元素值删除。

如果想要删除一个不确定其位置的元素（即根据元素值删除），则可以使用列表对象的 remove() 方法实现。例如，想要删除列表中内容为"内马尔喊话 C 罗：等等我！"的元素，可以使用下面的代码：

```
01  verse = [" 德国队小组赛回家 "," 西班牙传控打法还有未来吗 ","C 罗一人对抗西班牙队 "]
02  verse.remove(" 内马尔喊话 C 罗：等等我！ ")
```

在使用列表对象的 remove() 方法删除元素时，如果指定的元素不存在，则会出现如图 5.9 所示的异常信息。

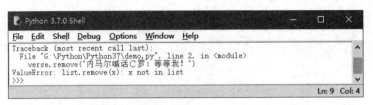

图 5.9 删除不存的元素时出现的异常信息

所以在使用 remove() 方法删除元素前，最好先判断该元素是否存在，修改后的代码如下：

```
01  team = ["火箭","勇士","开拓者","爵士","鹈鹕","马刺","雷霆","森林狼"]
02  value = "公牛"                        # 指定要删除的元素
03  if team.count(value)>0:              # 判断要删除的元素是否存在
04      team.remove(value)              # 删除指定的元素
05  print(team)
```

运行结果如下：

['火箭', '勇士', '开拓者', '爵士', '鹈鹕', '马刺', '雷霆', '森林狼']

学习笔记

列表对象的 count() 方法用于判断指定元素出现的次数，当返回结果为 0 时，表示不存在该元素。

微课视频

5.2.5　对列表进行统计、计算

Python 的列表提供了内置的一些函数实现统计、计算方面的功能。下面介绍常用的功能。

1. 获取指定元素出现的次数

使用列表对象的 count() 方法可以获取指定元素在列表中的出现次数，语法格式如下：

```
listname.count(obj)
```

参数说明如下。

- listname：表示列表的名称。

- obj：表示要判断是否存在的对象，这里只能进行精确匹配，即不能是元素值的一部分。

- 返回值：元素在列表中出现的次数。

例如，创建一个列表，内容为世界杯期间球星的搜索热度，然后应用列表对象的 count() 方法判断元素"莫德里奇"出现的次数，代码如下：

```
01  player = ["莫德里奇","梅西","C罗","苏亚雷斯","内马尔","格列兹曼","莫德里奇"]
02  num = player.count("莫德里奇")
03  print(num)
```

上面的代码运行后，将显示 2，表示在 player 列表中"莫德里奇"出现了两次。

2. 获取指定元素首次出现的下标

使用列表对象的 index() 方法可以获取指定元素在列表中首次出现的位置（即索引），语法格式如下：

```
listname.index(obj)
```

参数说明如下。

- listname：表示列表的名称。
- obj：表示要查找的对象，这里只能进行精确匹配。如果指定的对象不存在，则抛出异常。
- 返回值：首次出现的索引值。

例如，创建一个列表，内容为世界杯期间各支球队的搜索热度，然后应用列表对象的 index() 方法判断元素"阿根廷"首次出现的位置，代码如下：

```
01  team= ["西班牙","阿根廷","葡萄牙","德国","法国","瑞典","克罗地亚"]
02  position = team.index("阿根廷")
03  print(position)
```

上面的代码运行后，将显示 1，表示"阿根廷"在 team 列表中首次出现的索引位置是 1。

3. 统计数值列表中各元素的和

在 Python 中，提供了 sum() 函数用于统计数值列表中各元素的和，语法格式如下：

```
sum(iterable[,start])
```

参数说明如下。

- iterable：表示要统计的列表。
- start：表示统计结果是从哪个数开始（即将统计结果加上 start 所指定的数），它是可选参数，如果没有指定，则默认值为 0。

例如，定义一个保存 10 名学生 Python 理论成绩的列表，应用 sum() 函数统计列表中元素的和，即统计总成绩，然后输出，代码如下：

```
01  grade = [98,99,97,100,100,96,94,89,95,100]# 10 名学生 Python 理论成绩列表
02  total = sum(grade)                        # 计算总成绩
03  print("Python 理论总成绩为: ",total)
```

运行结果如下：

```
Python 理论总成绩为:  968
```

5.2.6 对列表进行排序

微课视频

在实际开发程序时，经常需要对列表进行排序。Python 提供了两种对列表进行排序的方法：使用列表对象的 sort() 方法和使用内置的 sorted() 函数。

1. 使用列表对象的 sort() 方法实现

列表对象提供了 sort() 方法用于对原列表中的元素进行排序。排序后原列表中的元素顺序将发生改变。列表对象的 sort() 方法的语法格式如下：

```
listname.sort(key=None, reverse=False)
```

参数说明如下。

● listname：表示要进行排序的列表。

● key：用于指定版本规则（例如，设置"key=str.lower"表示在排序时不区分字母大小写）。

● reverse：可选参数。如果将其值设置为 True，则表示降序排列；如果将其值设置为 False，则表示升序排列。默认为升序排列。

例如，定义一个保存 10 名学生 Python 理论成绩的列表，然后应用 sort() 方法对其进行排序，代码如下：

```
01  grade = [98,99,97,100,100,96,94,89,95,100]# 10 名学生 Python 理论成绩列表
02  print("原列表: ",grade)
03  grade.sort()                              # 进行升序排列
04  print("升  序: ",grade)
05  grade.sort(reverse=True)                  # 进行降序排列
06  print("降  序: ",grade)
```

运行结果如下：

```
原列表：  [98, 99, 97, 100, 100, 96, 94, 89, 95, 100]
升  序：  [89, 94, 95, 96, 97, 98, 99, 100, 100, 100]
降  序：  [100, 100, 100, 99, 98, 97, 96, 95, 94, 89]
```

使用 sort() 方法进行数值列表的排序比较简单，但是当使用 sort() 方法对字符串列表进行排序时，采用的规则是先对大写字母进行排序，再对小写字母进行排序。如果想要对字符串列表进行排序（不区分字母大小写），则需要指定其 key 参数。例如，定义一个保存英文字符串的列表，然后应用 sort() 方法对其进行升序排列，代码如下：

```
01  char = ['cat','Tom','Angela','pet']
02  char.sort()                              # 默认区分字母大小写
03  print("区分字母大小写：",char)
04  char.sort(key=str.lower)                 # 不区分字母大小写
05  print("不区分字母大小写：",char)
```

运行结果如下：

```
区分字母大小写：  ['Angela', 'Tom', 'cat', 'pet']
不区分字母大小写：  ['Angela', 'cat', 'pet', 'Tom']
```

▤ 学习笔记

当使用 sort() 方法对列表进行排序时，对中文支持不好。排序的结果与我们常用的音序排序法或笔画排序法都不一致。如果要对中文内容的列表进行排序，则需要重新编写相应的方法进行处理，不能直接使用 sort() 方法。

2. 使用内置的 sorted() 函数实现

在 Python 中，提供了一个内置的 sorted() 函数，用于对列表进行排序。使用该函数进行排序后，原列表的元素顺序不变。sorted() 函数的语法格式如下：

```
sorted(iterable, key=None, reverse=False)
```

参数说明如下。

● iterable：表示要进行排序的列表名称。

● key：用于指定版本规则（例如，设置"key=str.lower"表示在排序时不区分字母大小写）。

● reverse：可选参数。如果将其值设置为 True，则表示降序排列；如果将其值设置为 False，则表示升序排列。默认为升序排列。

例如，定义一个保存 10 名学生 Python 理论成绩的列表，然后应用 sorted() 函数对其进行排序，代码如下：

```
01  grade = [98,99,97,100,100,96,94,89,95,100]  # 10 名学生 Python 理论成绩列表
02  grade_as = sorted(grade)                      # 进行升序排列
03  print("升序: ",grade_as)
04  grade_des = sorted(grade,reverse = True)      # 进行降序排列
05  print("降序: ",grade_des)
06  print("原序列: ",grade)
```

运行结果如下：

```
升序: [89, 94, 95, 96, 97, 98, 99, 100, 100, 100]
降序: [100, 100, 100, 99, 98, 97, 96, 95, 94, 89]
原序列: [98, 99, 97, 100, 100, 96, 94, 89, 95, 100]
```

📋 学习笔记

列表对象的 sort() 方法和内置 sorted() 函数的作用基本相同，所不同的就是当使用 sort() 方法时，会改变原列表的元素排列顺序，而当使用 sorted() 函数时，会建立一个原列表的副本，该副本为排序后的列表。

5.3　元组

元组（tuple）是 Python 中另一个重要的序列结构，与列表类似，也是由一系列按特定顺序排列的元素组成的，但是它是不可变序列。因此，元组也可以称为不可变的列表。在形式上，元组的所有元素都放在一对"()"中，两个相邻元素之间使用逗号","分隔。在内容上，可以将整数、实数、字符串、列表、元组等任何类型的内容放到元组中，并且在同一个元组中，元素的类型可以不同，因为它们之间没有任何关系。在通常情况下，元组用于保存程序中不可修改的内容。

📋 学习笔记

从元组和列表的定义上看，这两种结构比较相似，那么它们之间有哪些区别呢？它们之间的主要区别就是元组是不可变序列，列表是可变序列。即元组中的元素不可以单独修改，而列表中的元素则可以任意修改。

5.3.1 元组的创建和删除

Python 提供了多种创建元组的方法，下面分别进行介绍。

1. 使用赋值运算符直接创建元组

同其他类型的 Python 变量一样，在创建元组时，也可以使用赋值运算符 "=" 直接将一个元组赋值给变量，语法格式如下：

```
tuplename = (element 1,element 2,element 3,…,element n)
```

其中，tuplename 表示元组的名称，可以是任何符合 Python 命名规则的标识符；elemnet 1、elemnet 2、elemnet 3、elemnet n 表示元组中的元素，个数没有限制，并且只要是 Python 支持的数据类型即可。

学习笔记

> 创建元组的语法与创建列表的语法类似，只是创建列表时使用的是 "[]"，而创建元组时使用的是 "()"。

例如，下面定义的元组都是合法的，代码如下：

```
01  num = (7,14,21,28,35,42,49,56,63)
02  team= (" 马刺 "," 火箭 "," 勇士 "," 湖人 ")
03  untitle = ('Python',28,(" 人生苦短 "," 我用 Python"),[" 爬虫 "," 自动化运维 "," 云
04  计算 ","Web 开发 "])
05  language = ('Python',"C#",''' Java''' )
```

在 Python 中，虽然元组是使用一对小括号将所有的元素括起来，但是实际上，小括号并不是必需的，只要将一组值用逗号分隔，Python 就可以认为它是元组。例如，下面定义元组，代码如下：

```
01  team= " 马刺 "," 火箭 "," 勇士 "," 湖人 "
```

在 IDLE 中输出该元组后，将显示以下内容：

```
(' 马刺 ', ' 火箭 ', ' 勇士 ', ' 湖人 )
```

如果想要创建的元组只包括一个元素，则需要在定义元组时，在元素的后面加一个 ","。例如，下面定义包括一个元素的元组，代码如下：

```
01  verse1 = (" 世界杯冠军 ",)
```

在 IDLE 中输出 verse1，将显示以下内容：

> (' 世界杯冠军 ',)

而下面的代码，则表示定义一个字符串。

```
01  verse2 = (" 世界杯冠军 ")
```

在 IDLE 中输出 verse2，将显示以下内容：

> 世界杯冠军

学习笔记

在 Python 中，可以使用 type() 函数测试变量的类型，代码如下：

```
01  verse1 = (" 世界杯冠军 ",)
02  print("verse1 的类型为 ",type(verse1))
03  verse2 = (" 世界杯冠军 ")
04  print("verse2 的类型为 ",type(verse2))
```

在 IDLE 中执行上面的代码后，将显示以下内容：

> verse1 的类型为 <class 'tuple'>
> verse2 的类型为 <class 'str'>

2. 创建空元组

在 Python 中，也可以创建空元组，例如，要创建一个名称为 emptytuple 的空元组，可以使用下面的代码：

```
01  emptytuple = ()
```

空元组可以应用在为函数传递一个空值或返回空值时。例如，定义一个函数必须传递一个元组类型的值，而我们还不想为它传递一组数据，那么就可以创建一个空元组传递给它。

3. 创建数值元组

在 Python 中，可以使用 tuple() 函数直接将 range() 函数循环出来的结果转换为数值元组。

tuple() 函数的语法格式如下：

```
tuple(data)
```

其中，data 表示可以转换为元组的数据，其类型可以是 range 对象、字符串、元组或其他可迭代类型的数据。

例如，创建一个 10 ~ 20 之间（不包括 20）所有偶数的元组，代码如下：

```
01  tuple(range(10, 20, 2))
```

运行结果如下：

```
    (10, 12, 14, 16, 18)
```

📋 **学习笔记**

> tuple() 函数不仅能通过 range 对象创建元组，还可以通过其他对象创建元组。

4. 删除元组

对于已经创建的元组，当不再使用时，可以使用 del 语句将其删除，语法格式如下：

```
    del tuplename
```

其中，tuplename 为要删除元组的名称。

📋 **学习笔记**

> del 语句在实际开发程序时并不常用。因为 Python 自带的垃圾回收机制会自动销毁不用的元组，所以即使我们不手动将其删除，Python 也会自动将其回收。

例如，定义一个名称为 team 的元组，保存世界杯夺冠热门球队，但这些夺冠热门球队在小组赛和第一轮淘汰赛后都被淘汰了，因此使用 del 语句将其删除，代码如下：

```
01  team = (" 西班牙 "," 德国 "," 阿根廷 "," 葡萄牙 ")
02  del team
```

5.3.2 访问元组元素

微课视频

在 Python 中，如果想将元组的内容输出也比较简单，直接使用 print() 函数即可。例如，定义一个名称为 untitle 的元组，并打印该元组，代码如下：

```
01  untitle = ('Python',28,(" 人生苦短 "," 我用 Python"),[" 爬虫 "," 自动化运维 "," 云
02  计算 ","Web 开发 "])
03  print(untitle)
```

运行结果如下：

```
    ('Python', 28, (' 人生苦短 ', ' 我用 Python'), [' 爬虫 ', ' 自动化运维 ', ' 云
```

计算 ', 'Web 开发 '])

从上面的运行结果可以看出，在输出元组时，是包括左右两侧的小括号的。如果不想要输出全部的元素，则可以通过元组的索引获取指定的元素。例如，要获取元组 untitle 中索引为 0 的元素，代码如下：

```
01  print(untitle[0])
```

运行结果如下：

```
    Python
```

从上面的运行结果可以看出，在输出单个元组元素时，不包括小括号，如果是字符串，则不包括左右的引号。

另外，对于元组也可以采用切片方式获取指定的元素。例如，要访问元组 untitle 中的前 3 个元素，代码如下：

```
01  print(untitle[:3])
```

运行结果如下：

```
    ('Python', 28, (' 人生苦短 ', ' 我用 Python'))
```

同列表一样，元组也可以使用 for 循环进行遍历。

5.3.3 修改元组元素

微课视频

元组是不可变序列，所以不能对它的单个元素值进行修改。但是元组也不是完全不能修改的。我们可以对元组进行重新赋值。例如，下面的代码是正确的。

```
01  # 定义元组
02  player = (' 梅西 ','C 罗 ',' 伊涅斯塔 ',' 内马尔 ',' 格列兹曼 ',' 莫德里奇 ')
03  # 对元组进行重新赋值
04  player = (' 梅西 ','C 罗 ',' 苏亚雷斯 ',' 内马尔 ',' 格列兹曼 ',' 莫德里奇 ')
05  print(" 新元组 ",player)
```

运行结果如下：

```
    新元组  (' 梅西 ','C 罗 ',' 苏亚雷斯 ',' 内马尔 ',' 格列兹曼 ',' 莫德里奇 ')
```

从上面的运行结果可以看出，元组 player 的值已经改变。

另外，还可以对元组进行连接组合。例如，可以使用下面的代码实现在已经存在的元组结尾处添加一个新元组。

```
01  player1 = ('梅西','C罗','伊涅斯塔','内马尔')
02  print("原元组：",player1)
03  player2 = player1 + ('格列兹曼','莫德里奇')
04  print("组合后：",player2)
```

运行结果如下：

原元组：　('梅西','C罗','伊涅斯塔','内马尔')

组合后：　('梅西','C罗','伊涅斯塔','内马尔','格列兹曼','莫德里奇')

学习笔记

在进行元组连接时，连接的内容必须都是元组。不能将元组和字符串或列表进行连接。例如，下面的代码是错误的。

```
01  player1 = ('梅西','C罗','伊涅斯塔','内马尔')
02  player2 = player1 + ['格列兹曼','莫德里奇']
```

第 6 章　字符串的常用操作

对于程序员来说，开发一个项目，基本上就是在不断地处理字符串。本章将重点介绍字符串的常用操作与应用。

6.1　字符串常用操作

在 Python 开发过程中，为了实现某项功能，经常需要对某些字符串进行特殊处理，如拼接字符串、截取字符串、格式化字符串等。下面将对 Python 中常用的字符串操作方法进行介绍。

6.1.1　拼接字符串

使用"+"运算符可以完成对多个字符串的拼接，"+"运算符可以连接多个字符串并产生一个字符串对象。

例如，定义两个字符串，一个保存英文版的名言，另一个保存中文版的名言，然后使用"+"运算符连接，代码如下：

```
01  mot_en = 'Remembrance is a form of meeting. Frgetfulness is a form of
02  freedom.'
03  mot_cn = '记忆是一种相遇，遗忘是一种自由。'
04  print(mot_en + '——' + mot_cn)
```

执行上面的代码后，将显示以下内容：

```
    'Remembrance is a form of meeting. Frgetfulness is a form of
freedom.'——'记忆是一种相遇，遗忘是一种自由。'
```

字符串不允许直接与其他类型的数据拼接，例如，使用下面的代码将字符串与整数拼接在一起，将抛出如图 6.1 所示的异常。

```
01  str1 = '我今天一共走了'                    # 定义字符串
02  num = 12098                            # 定义一个整数
03  str2 = '步'                            # 定义字符串
04  print(str1 + num + str2)              # 对字符串和整数进行拼接
```

```
Traceback (most recent call last):
  File "E:\program\Python\Code\test.py", line 19, in <module>
    print(str1 + num + str2)
TypeError: must be str, not int
>>>
```

图 6.1 字符串和整数拼接抛出的异常

解决该问题的方法是，可以将整数转换为字符串。将整数转换为字符串，可以使用 str() 函数。修改后的代码如下：

```
01  str1 = '我今天一共走了'                    # 定义字符串
02  num = 12098                            # 定义一个整数
03  str2 = '步'                            # 定义字符串
04  print(str1 + str(num) + str2)         # 对字符串和整数进行拼接
```

执行上面的代码后，将显示以下内容：

我今天一共走了 12098 步

6.1.2 计算字符串的长度

微课视频

由于不同的字符所占字节数不同，所以要计算字符串的长度，需要先了解各字符所占的字节数。在 Python 中，数字、英文、小数点、下画线和空格占一个字节；一个汉字可能会占 2 ～ 4 个字节，占几个字节取决于采用的编码。汉字在 GBK 或 GB2312 编码中占 2 个字节，在 UTF-8 或 Unicode 中一般占 3 个字节或 4 个字节。下面以 Python 默认的 UTF-8 编码为例进行说明，即一个汉字占 3 个字节，如图 6.2 所示。

图 6.2 汉字和英文所占字节个数

Python 提供了 len() 函数计算字符串的长度，语法格式如下：

```
len(string)
```

其中，string 用于指定要进行长度统计的字符串。

例如，定义一个字符串，内容为"人生苦短，我用 Python!"，然后使用 len() 函数计算该字符串的长度，代码如下：

```
01  str1 = '人生苦短，我用 Python!'              # 定义字符串
02  length = len(str1)                        # 计算字符串的长度
03  print(length)
```

执行上面的代码后，将显示"14"。

从上面的执行结果中可以看出，在默认的情况下，通过 len() 函数计算字符串的长度时，不区分英文、数字和汉字，所有字符都认为是一个。

在实际开发程序时，有时需要获取字符串实际所占的字节数，即如果采用 UTF-8 编码，则汉字占 3 个字节，当采用 GBK 或 GB2312 时，汉字占 2 个字节。这时，可以通过使用 encode() 方法进行编码后再获取。例如，获取采用 UTF-8 编码的字符串的长度，代码如下：

```
01  str1 = '人生苦短，我用 Python!'              # 定义字符串
02  length = len(str1.encode())               # 计算 UTF-8 编码的字符串的长度
03  print(length)
```

执行上面的代码后，将显示"28"。这是因为汉字加中文标点符号共 7 个，占 21 个字节，英文字母和英文的标点符号占 7 个字节，共 28 个字节。

获取采用 GBK 编码的字符串的长度，代码如下：

```
01  str1 = '人生苦短，我用 Python!'              # 定义字符串
02  length = len(str1.encode('gbk'))          # 计算 GBK 编码的字符串的长度
03  print(length)
```

执行上面的代码后，将显示"21"。这是因为汉字加中文标点符号共 7 个，占 14 个字节，英文字母和英文的标点符号占 7 个字节，共 21 个字节。

6.1.3 截取字符串

微课视频

由于字符串也属于序列，所以要截取字符串，可以采用切片方法实现。通过切片方法截取字符串的语法格式如下：

```
string[start : end : step]
```

参数说明如下。

● string：表示要截取的字符串。

- start：表示要截取的第 1 个字符的索引（包括该字符），如果不指定参数，则默认值为 0。
- end：表示要截取的最后一个字符的索引（不包括该字符），如果不指定参数，则默认值为字符串的长度。
- step：表示切片的步长，如果省略步长，则默认值为 1，当省略该步长时，最后一个冒号也可以省略。

📋 **学习笔记**

　　字符串的索引同序列的索引是一样的，也是从 0 开始的，并且每个字符占一个位置，如图 6.3 所示。

图 6.3　字符串的索引示意图

　　例如，定义一个字符串，然后使用切片方法截取不同长度的子字符串并输出，代码如下：

```
01  str1 = '人生苦短，我用 Python!'            # 定义字符串
02  substr1 = str1[1]                         # 截取第 2 个字符
03  substr2 = str1[5:]                        # 从第 6 个字符截取
04  substr3 = str1[:5]                        # 从左边开始截取 5 个字符
05  substr4 = str1[2:5]                       # 截取第 3 个到第 5 个字符
06  print('原字符串：',str1)
07  print(substr1 + '\n' + substr2 + '\n' + substr3 + '\n' + substr4)
```

　　执行上面的代码后，将显示以下内容：

```
原字符串：　人生苦短，我用 Python!
生
我用 Python!
人生苦短，
苦短，
```

📋 **学习笔记**

　　在截取字符串时，如果指定的索引不存在，则会抛出如图 6.4 所示的异常。

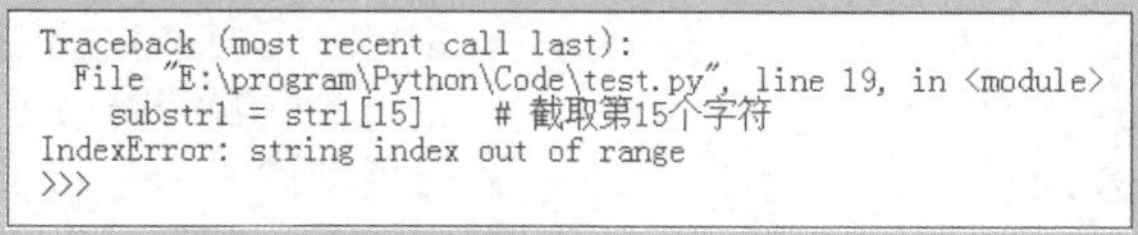

```
Traceback (most recent call last):
  File "E:\program\Python\Code\test.py", line 19, in <module>
    substr1 = str1[15]    # 截取第15个字符
IndexError: string index out of range
>>>
```

图 6.4　指定的索引不存在时抛出的异常

解决该问题的方法是，可以使用 try…except 语句捕获异常。例如，下面的代码在执行后将不会抛出异常。

```
01  str1 = '人生苦短，我用 Python!'              # 定义字符串
02  try:
03      substr1 = str1[15]                    # 截取第 15 个字符
04  except IndexError:
05      print('指定的索引不存在 ')
```

6.1.4 分割字符串

微课视频

在 Python 中，字符串对象提供了分割字符串的方法。分割字符串是把字符串分割为列表。

字符串对象的 split() 方法可以实现字符串分割，也就是把一个字符串按照指定的分隔符切分为字符串列表，在该列表的元素中不包括分隔符，split() 方法的语法格式如下：

```
str.split(sep, maxsplit)
```

参数说明如下。

- str：表示要进行分割的字符串。

- sep：用于指定分隔符，可以包含多个字符，默认值为 None，即所有空字符（包括空格、换行符 "\n"、制表符 "\t" 等）。

- maxsplit：可选参数，用于指定分割的次数，如果不指定该参数或值为 –1，则分割次数没有限制，否则返回结果列表的元素个数最多为 maxsplit+1。

- 返回值：分割后的字符串列表。

📋 学习笔记

> 在 split() 方法中，如果不指定 sep 参数，则也不能指定 maxsplit 参数。

例如，定义一个保存明日学院网址的字符串，然后使用 split() 方法根据不同的分隔符进行分割，代码如下：

```
01  str1 = '明 日 学 院 官 网  >>>  www.mingrisoft.com'
02  print('原字符串: ',str1)
03  list1 = str1.split()                    # 采用默认分隔符进行分割
04  list2 = str1.split('>>>')               # 采用多个字符进行分割
05  list3 = str1.split('.')                 # 采用 "." 进行分割
06  list4 = str1.split(' ',4)               # 采用空格进行分割，并且只分割前 4 个字符
07  print(str(list1) + '\n' + str(list2) + '\n' + str(list3) + '\n' +
```

```
08  str(list4))
09  list5 = str1.split('>')                    # 采用 ">" 进行分割
10  print(list5)
```

执行上面的代码后，将显示以下内容：

```
原字符串： 明 日 学 院 官 网  >>>  www.mingrisoft.com
['明', '日', '学', '院', '官', '网', '>>>', 'www.mingrisoft.com']
['明 日 学 院 官 网 ', ' www.mingrisoft.com']
['明 日 学 院 官 网  >>>  www', 'mingrisoft', 'com']
['明', '日', '学', '院', '官 网  >>>  www.mingrisoft.com']
['明 日 学 院 官 网  ', '', '', '  www.mingrisoft.com']
```

6.1.5　检索字符串

微课视频

在 Python 中，字符串对象提供了很多应用于字符串查找的方法，这里主要介绍以下几种方法。

1. count() 方法

count() 方法用于检索指定字符串在另一个字符串中出现的次数。如果检索的字符串不存在，则返回 0，否则返回出现的次数。count() 方法的语法格式如下：

```
str.count(sub[, start[, end]])
```

参数说明如下。

- str：表示原字符串。

- sub：表示要检索的子字符串。

- start：可选参数，表示检索范围的起始位置的索引，如果不指定参数，则从头开始检索。

- end：可选参数，表示检索范围的结束位置的索引，如果不指定参数，则一直检索到结尾。

例如，定义一个字符串，然后使用 count() 方法检索该字符串中 "@" 符号出现的次数，代码如下：

```
01  str1 = '@明日科技 @扎克伯格 @雷军'
02  print('字符串 "',str1,'"中包括 ',str1.count('@'),' 个 @ 符号 ')
```

执行上面的代码后，将显示以下结果：

```
字符串 " @明日科技 @扎克伯格 @雷军 "中包括  3 个 @ 符号
```

2. find() 方法

find() 方法用于检索是否包含指定的子字符串。如果检索的字符串不存在，则返回 -1，否则返回首次出现该子字符串时的索引。find() 方法的语法格式如下：

```
str.find(sub[, start[, end]])
```

参数说明如下。

- str：表示原字符串。
- sub：表示要检索的子字符串。
- start：可选参数，表示检索范围的起始位置的索引，如果不指定参数，则从头开始检索。
- end：可选参数，表示检索范围的结束位置的索引，如果不指定参数，则一直检索到结尾。

例如，定义一个字符串，然后使用 find() 方法检索该字符串中首次出现"@"符号的位置索引，代码如下：

```
01  str1 = '@明日科技 @扎克伯格 @雷军'
02  print('字符串"',str1,'"中@符号首次出现的位置索引为：',str1.find('@'))
```

执行上面的代码后，将显示以下结果：

```
字符串" @明日科技 @扎克伯格 @雷军 "中@符号首次出现的位置索引为： 0
```

📋 **学习笔记**

如果只想判断指定的字符串是否存在，则可以使用 in 关键字实现。例如，上面的字符串 str1 中是否存在 @ 符号，可以使用"print('@' in str1)"。如果存在 @ 符号，则返回 True，否则返回 False。另外，也可以根据 find() 方法的返回值是否大于 -1 判断指定的字符串是否存在。

如果输入的子字符串在原字符串中不存在，将返回 -1，代码如下：

```
01  str1 = '@明日科技 @扎克伯格 @雷军'
02  print('字符串"',str1,'"中*符号首次出现的位置索引为：',str1.find('*'))
```

执行上面的代码后，将显示以下结果：

```
字符串" @明日科技 @扎克伯格 @雷军 "中*符号首次出现的位置索引为： -1
```

3. index() 方法

index() 方法同 find() 方法的功能类似，也是用于检索是否包含指定的子字符串。只不过使用 index() 方法，当指定的字符串不存在时会抛出异常。index() 方法的语法格式如下：

```
str.index(sub[, start[, end]])
```

参数说明如下。

- str：表示原字符串。

- sub：表示要检索的子字符串。

- start：可选参数，表示检索范围的起始位置的索引，如果不指定参数，则从头开始检索。

- end：可选参数，表示检索范围的结束位置的索引，如果不指定参数，则一直检索到结尾。

例如，定义一个字符串，然后使用 index() 方法检索该字符串中首次出现"@"符号的位置索引，代码如下：

```
01  str1 = '@明日科技 @扎克伯格 @雷军 '
02  print('字符串"',str1,'"中@符号首次出现的位置索引为：',str1.index('@'))
```

执行上面的代码后，将显示以下结果：

字符串" @明日科技 @扎克伯格 @雷军 "中@符号首次出现的位置索引为： 0

如果输入的子字符串在原字符串中不存在，则会产生异常。例如，下面的代码：

```
01  str1 = '#明日科技 #扎克伯格 #雷军 '
02  print('字符串"',str1,'"中@符号首次出现的位置索引为：',str1.index('@'))
```

执行上面的代码后，将显示如图 6.5 所示的异常。

```
Traceback (most recent call last):
  File "E:\program\Python\Code\test.py", line 7, in <module>
    print('字符串"',str1,'"中@符号首次出现的位置索引为：',str1.index('@'))
ValueError: substring not found
>>>
```

图 6.5　index 检索不存在元素时出现的异常

📖学习笔记

　　字符串对象还提供了 rindex() 方法，其作用与 index() 方法类似，只是从右边开始查找。

4. startswith() 方法

startswith() 方法用于检索字符串是否以指定子字符串开头。如果是则返回 True，否则返回 False。startswith() 方法的语法格式如下：

```
str.startswith(prefix[, start[, end]])
```

参数说明如下。

- str：表示原字符串。

- prefix：表示要检索的子字符串。

- start：可选参数，表示检索范围的起始位置的索引，如果不指定参数，则从头开始检索。

- end：可选参数，表示检索范围的结束位置的索引，如果不指定参数，则一直检索到结尾。

例如，定义一个字符串，然后使用 startswith() 方法检索该字符串是否以 "@" 符号开头，代码如下：

```
01  str1 = '@明日科技 @扎克伯格 @雷军 '
02  print('判断字符串"',str1,'"是否以 @ 符号开头，结果为：',str1.startswith('@'))
```

执行上面的代码后，将显示以下结果：

判断字符串" @明日科技 @扎克伯格 @雷军 "是否以 @ 符号开头，结果为： True

5. endswith() 方法

endswith() 方法用于检索字符串是否以指定子字符串结尾。如果是返回 True，否则返回 False。endswith() 方法的语法格式如下：

```
str.endswith(suffix[, start[, end]])
```

参数说明如下。

- str：表示原字符串。

- suffix：表示要检索的子字符串。

- start：可选参数，表示检索范围的起始位置的索引，如果不指定参数，则从头开始检索。

- end：可选参数，表示检索范围的结束位置的索引，如果不指定参数，则一直检索到结尾。

例如，定义一个字符串，然后使用 endswith() 方法检索该字符串是否以 ".com" 结尾，代码如下：

```
01  str1 = ' http://www.mingrisoft.com'
02  print('判断字符串"',str1,'"是否以 .com 结尾，结果为：',str1.endswith('.com'))
```

执行上面的代码后，将显示以下结果：

判断字符串" http://www.mingrisoft.com "是否以 .com 结尾，结果为： True

6.1.6 字母的大小写转换

微课视频

在 Python 中，字符串对象提供了 lower() 方法和 upper() 方法进行字母的大小写转换，即可用于将大写字母转换为小写字母或将小写字母转换为大写字母，如图 6.6 所示。

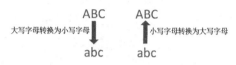

图 6.6　字母大小写转换示意图

1. lower() 方法

lower() 方法用于将字符串中的大写字母转换为小写字母。如果字符串中没有需要被转换的字符，则将原字符串返回；否则将返回一个新的字符串，将原字符串中每个需要进行小写转换的字符都转换成对应的小写字符。字符长度与原字符长度相同。lower() 方法的语法格式如下：

```
str.lower()
```

其中，str 为要进行转换的字符串。

例如，下面定义的字符串在使用 lower() 方法后将全部显示为小写字母。

```
01  str1 = 'WWW.Mingrisoft.com'
02  print('原字符串: ',str1)
03  print('新字符串: ',str1.lower())          # 全部转换为小写字母输出
```

2. upper() 方法

upper() 方法用于将字符串的小写字母转换为大写字母。如果字符串中没有需要被转换的字符，则将原字符串返回；否则返回一个新字符串，将原字符串中每个需要进行大写转换的字符都转换成对应的大写字符。新字符长度与原字符长度相同。lower() 方法的语法格式如下：

```
str.upper()
```

其中，str 为要进行转换的字符串。

例如，下面定义的字符串在使用 upper() 方法后将全部显示为大写字母。

```
01  str1 = 'WWW.Mingrisoft.com'
02  print('原字符串: ',str1)
03  print('新字符串: ',str1.upper())          # 全部转换为大写字母输出
```

微课视频

6.1.7 删除字符串中的空格和特殊字符

用户在输入数据时，可能会无意中输入多余的空格，或者在一些情况下，字符串前后不允许出现空格和特殊字符，此时就需要删除字符串中的空格和特殊字符。例如，如图 6.7 所示，"HELLO" 字符串前后都有一个空格，可以使用 Python 提供的 strip() 方法删除字符串左右两侧的空格和特殊字符，也可以使用 lstrip() 方法删除字符串左侧的空格和特殊字符，或者使用 rstrip() 方法删除字符串右侧的空格和特殊字符。

图 6.7　前后包含空格的字符串

📋 **学习笔记**

这里的特殊字符是指制表符 "\t"、回车符 "\r"、换行符 "\n" 等。

1. strip() 方法

strip() 方法用于删除字符串左右两侧的空格和特殊字符，语法格式如下：

```
str.strip([chars])
```

其中，str 为要删除空格的字符串。chars 为可选参数，用于指定要删除的字符，可以指定多个。如果设置 chars 为 "@."，则删除左右两侧的 "@" 或 "."。如果不指定 chars 参数，则默认删除空格、制表符 "\t"、回车符 "\r"、换行符 "\n" 等。

例如，先定义一个字符串，首尾包括空格、制表符、换行符和回车符等，然后删除空格和特殊字符；再定义一个字符串，首尾包括 "@" 或 "." 字符，最后删除 "@" 和 "."，代码如下：

```
01  str1 = ' http://www.mingrisoft.com  \t\n\r'
02  print('原字符串 str1: ' + str1 + '。')
03  print('字符串: ' + str1.strip() + '。')          # 删除字符串首尾的空格和特殊字符
04  str2 = '@ 明日科技 .@.'
05  print('原字符串 str2: ' + str2 + '。')
06  print('字符串: ' + str2.strip('@.') + '。')     # 删除字符串首尾的 "@" "."
```

执行上面的代码后，将显示如图 6.8 所示的结果。

```
原字符串str1： http://www.mingrisoft.com。
字符串：http://www.mingrisoft.com。
原字符串str2：@明日科技.@.。
字符串：明日科技。
>>>
```

图 6.8 strip() 方法示例

2. lstrip() 方法

lstrip() 方法用于删除字符串左侧的空格和特殊字符，语法格式如下：

```
str.lstrip([chars])
```

其中，str 为要删除空格的字符串。chars 为可选参数，用于指定要删除的字符，可以指定多个。如果设置 chars 为 "@."，则删除左侧的 "@" 或 "."。如果不指定 chars 参数，则默认删除空格、制表符 "\t"、回车符 "\r"、换行符 "\n" 等。

例如，先定义一个字符串，左侧包括一个制表符和一个空格，然后删除空格和制表符；再定义一个字符串，左侧包括一个 @ 符号，最后删除 @ 符号，代码如下：

```
01  str1 = '\t http://www.mingrisoft.com'
02  print('原字符串 str1: ' + str1 + '。')
03  print('字符串: ' + str1.lstrip() + '。')          # 删除字符串左侧的空格和制表符
04  str2 = '@ 明日科技 '
05  print('原字符串 str2: ' + str2 + '。')
06  print('字符串: ' + str2.lstrip('@') + '。')       # 删除字符串左侧的 @
```

执行上面的代码后，将显示如图 6.9 所示的结果。

```
原字符串str1：    http://www.mingrisoft.com。
字符串：http://www.mingrisoft.com。
原字符串str2：@明日科技。
字符串：明日科技。
>>>
```

图 6.9 lstrip() 方法示例

3. rstrip() 方法

rstrip() 方法用于删除字符串右侧的空格和特殊字符，语法格式如下：

```
str.rstrip([chars])
```

其中，str 为要删除空格的字符串。chars 为可选参数，用于指定要删除的字符，可以指定多个。如果设置 chars 为 "@."，则删除右侧的 "@" 或 "."。如果不指定 chars 参数，则默认删除空格、制表符 "\t"、回车符 "\r"、换行符 "\n" 等。

例如，先定义一个字符串，右侧包括一个制表符和一个空格，然后删除空格和制表符；再定义一个字符串，右侧包括一个逗号"，"，最后删除逗号"，"，代码如下：

```
01  str1 = ' http://www.mingrisoft.com\t '
02  print('原字符串 str1: ' + str1 + '。')
03  print('字符串: ' + str1.rstrip() + '。')          # 删除字符串右侧的空格和制表符
04  str2 = '明日科技,'
05  print('原字符串 str2: ' + str2 + '。')
06  print('字符串: ' + str2.rstrip(',') + '。')          # 删除字符串右侧的逗号
```

执行上面的代码后，将显示如图 6.10 所示的结果。

```
原字符串str1: http://www.mingrisoft.com        。
字符串: http://www.mingrisoft.com。
原字符串str2: 明日科技,。
字符串: 明日科技。
>>>
```

图 6.10　rstrip() 方法示例

6.2　高级字符串内置函数

6.2.1　eval() 函数——执行一个字符串表达式并返回执行结果

eval() 函数用于执行一个字符串表达式，并返回表达式的值。eval() 函数的语法格式如下：

```
eval(expression[, globals[, locals]])
```

参数说明如下。

- expression：字符串类型表达式。
- globals：可选参数，变量作用域，全局命名空间，如果指定了 globals 参数，则 globals 参数必须是一个字典对象。
- locals：可选参数，变量作用域，局部命名空间，如果指定了 locals 参数，则 locals 参数可以是任何映射对象。
- 返回值：返回表达式计算结果。

示例：使用 eval() 函数返回字符串表达式的计算结果，代码如下。

```
01  print(eval('1+2+3+4+5+6'))
```

```
02  n = 2                                # 定义变量
03  print(eval("n + 251"))               # 返回计算结果
04  print(eval("n * 251"))
05  print(eval("pow(n,3)"))
06
07  str = input("请输入一个算术题：")        # 提示输入一个算术题
08  print(eval(str))                      # 返回计算结果
```

程序的运行结果如图 6.11 所示。

```
21
253
502
8
请输入一个算术题：5*100-66
434
```

图 6.11 运行结果

示例：定义空的序列对象，然后通过循环分别计算每一个数的 3 次方的值，代码如下。

```
01  i=0
02  list1=[]                             # 空列表
03  while i<10:
04      list1.append(eval("pow(i,3)"))   # 执行字符串表达式，返回表达式的值
05      i+=1
06  print(list1)
```

程序的运行结果为：

```
[0, 1, 8, 27, 64, 125, 216, 343, 512, 729]
```

示例：使用 eval() 函数实现数据类型之间的转换，代码如下。

```
01  a = "[99, 33, 78, 65]"
02  b = "(20,10,44)"
03  c = "514"
04  print(a, "转换前：", type(a))
05  print(a, "转换后：", type(eval(a)))    # 转换为列表
06  print(b, "转换前：", type(b))
07  print(b, "转换后：", type(eval(b)))    # 转换为元组
08  print(c, "转换前：", type(c))
09  print(c, "转换后：", type(eval(c)))    # 转换为整型
```

程序的运行结果为：

```
[99, 33, 78, 65] 转换前： <class 'str'>
[99, 33, 78, 65] 转换后： <class 'list'>
```

```
(20,10,44) 转换前：<class 'str'>
(20,10,44) 转换后：<class 'tuple'>
514 转换前：<class 'str'>
514 转换后：<class 'int'>
```

6.2.2　exec() 函数——执行存储在字符串或文件中的 Python 语句

exec() 函数用于执行存储在字符串或文件中的 Python 语句，与 eval() 函数相比，exec() 函数可以执行更复杂的 Python 代码。exec() 函数的语法格式如下：

```
exec(object[, globals[, locals]])
```

参数说明如下。

- object：必选参数，表示需要被指定的 Python 代码。它必须是字符串或 code 对象。如果 object 是一个字符串，则该字符串会先被解析为一组 Python 语句，再执行（除非发生语法错误）。如果 object 是一个 code 对象，则它只是被简单地执行。

- globals：可选参数，表示全局命名空间（存储全局变量），如果指定该参数，则必须是一个字典对象。

- locals：可选参数，表示当前局部命名空间（存放局部变量），如果指定该参数，则可以是任何映射对象。如果该参数被忽略，则它将会取与 globals 相同的值。

示例：将可执行代码定义在字符串变量中，再通过 exec() 函数执行这个字符串，代码如下。

```
01  code = """
02  import random                              # 导入随机数模块
03  i=0
04  list1=[]
05  while i<10:
06      list1.append(random.randint(0,100))    # 将随机数添加到列表
07      i+=1
08  print(list1)
09  """
10  exec(code)
```

程序的运行结果为：

```
[77, 1, 44, 57, 0, 1, 64, 92, 31, 35]
```

6.2.3　ascii() 函数——返回对象的可打印字符串表现方式

ascii() 函数用于返回对象的可打印字符串表现方式。ascii() 函数的语法格式如下：

```
ascii(object)
```

参数说明如下。

- object：对象。

- 返回值：返回一个表示对象的字符串。

如果是非 ASCII 字符，就会输出 \x、\u 或 \U 等字符。ascii() 函数与 Python2 版本中的 repr() 函数的功能是等效的。

示例：使用 ascii() 函数对象的可打印字符串表现方式，代码如下。

```
01  print(ascii(67))
02  print(ascii('&'))
03  print(ascii(" 好好学习 "))          # 非 ASCII 字符
04  print(ascii("Python"))
05  print(ascii("b\31"))
```

程序的运行结果为：

```
67
'&'
'\u597d\u597d\u5b66\u4e60'
'Python'
'b\x19'
```

6.2.4　compile() 函数——将字符串编译为字节代码

compile() 函数将一个字符串编译为字节代码。compile() 函数的语法格式如下：

```
compile(source,filename,mode[,flags[,dont_inherit]])
```

参数说明如下。

- source：字符串或 AST（Abstract Syntax Trees）对象。
- filename：代码文件名称，如果不是从文件读取代码，则传递一些可辨认的值。
- mode：指定编译代码的种类。可以指定为 exec、eval、single。
- flags：变量作用域，局部命名空间，如果指定该参数，则可以是任何映射对象。

- flags 和 dont_inherit：用来控制编译源码时的标志。

- 返回值：返回表达式执行结果。

示例：定义可执行代码字符串，通过 compile() 函数实现编译，再使用 exec() 函数执行这段代码，代码如下。

```
01  code = """for i in range(0,20):
02      if i%2==0:
03          print(i,end='、')"""
04  byteExec = compile(code,'','exec')
05  exec(byteExec)
```

程序的运行结果为：

0、2、4、6、8、10、12、14、16、18、

第 7 章　数据处理与验证

在实际程序开发过程中，我们经常需要对数据进行格式化、数据验证、字符串拼接、去除重复数据（以下简称"去重"）等操作，下面将分别对其进行介绍。

7.1　数据格式化

在 Python 程序开发过程中，经常应用数据。但有时数据并不是我们想要的结果，这时就需要对数据进行格式化。例如，浮点数 12.5678 需要保留 2 位小数，即 12.57，就需要对数据进行格式化。下面介绍数据格式化的概念与应用。

format() 函数用于将一个数值进行格式化显示，format() 函数的语法格式如下：

```
format(value[, format_spec])
```

参数说明如下。

- value：要格式化的值。
- format_spec：格式字符串。format_spec 参数包含了如何呈现值的规范，如对齐方式、字段宽度、填充字符、小数精度等详细信息。

📋 **学习笔记**

如果没有指定 format() 函数的 format_spec 参数，则等同于 str(value) 函数的功能，会把指定的参数转换成字符串格式，代码如下：

```
01  print(format('Time and tide wait for no man.'))
02  print(str('Time and tide wait for no man.'))
```

程序的运行结果为：

```
Time and tide wait for no man.
Time and tide wait for no man.
```

需要注意的是，对于不同的类型值，format_spec 参数可提供的值也不一样。

format_spec 参数的语法格式如下：

```
[[fill]align][sign][#][0][width][,][.precision][type]
```

参数说明如下。

- fill：可选参数，用于指定空白处填充的字符，默认为空格。
- align：可选参数，用于指定对齐方式，需要配合 width 一起使用。
  » "<"：表示强制内容左对齐。
  » ">"：表示强制内容右对齐。
  » "^"：表示强制内容居中。
  » "="：表示强制内容右对齐，此选项仅对数字有效。

📋 **学习笔记**

除数字默认为右对齐外，大多数对象默认为左对齐。

- sign：可选参数，用于指定有无符号。
  » "+"：表示正数前添加正号，负数前添加负号。
  » "–"：表示正数不变，负数前添加负号。
  » 空格：表示正数前添加空格，负数前添加负号。
- "#"：可选参数，对于二进制数、八进制数和十六进制数来说，如果添加 "#"，则会显示 0b/0o/0x 前缀，否则不显示前缀。
- width：可选参数，用于指定所占宽度，表示总共输出多少位数字。
- ","：可选参数，为数字添加千位分隔符，如 852,001,000。
- ".precision"：可选参数，用于指定保留的小数位数。
- type：可选参数，用于指定格式化类型。

format() 函数常用的格式化字符及其说明如表 7.1 所示。

表 7.1　format() 函数常用的格式化字符及其说明

格式化字符	说　　明	参 数 类 型
s	对字符串类型格式化	字符串类型
c	将十进制整数自动转换为对应的 Unicode 字符	整型
b	将十进制整数自动转换为二进制数再格式化	
o	将十进制整数自动转换为八进制数再格式化	
d	十进制整数	
x	将十进制整数自动转换为十六进制数再格式化（以 0x 开头）	
X	将十进制整数自动转换为十六进制数再格式化（以 0X 开头）	

续表

格式化字符	说　　　明	参 数 类 型
f	转换为浮点数（默认小数点后保留 6 位）再格式化，且会四舍五入	浮点型
F	转换为浮点数（默认小数点后保留 6 位）再格式化，且会四舍五入	
e	转换为科学记数法（小写 e）表示再格式化	整型或浮点型
E	转换为科学记数法（大写 E）表示再格式化	
g	自动在 e 和 f 中切换，即自动调整，将整数、浮点数转换为浮点型或科学记数法表示（超过 6 位数用科学记数法），并将其格式化到指定位置（如果是科学记数法则是 e）	
G	自动在 E 和 F 中切换，即自动调整，将整数、浮点数转换为浮点型或科学记数法表示（超过 6 位数用科学记数法），并将其格式化到指定位置（如果是科学记数法则是 E）	
%	显示百分比（默认显示小数点后 6 位）	

示例：通过 format() 函数格式化实现对齐与填充等操作，代码如下。

```
01  print(format(521,'20'))                     # 数字，默认为右对齐，宽度为 20
02  print(format('mrsoft','20'))                 # 字符串，默认为左对齐，宽度为 20
03  print(format('mrsoft','>20'))                # 右对齐，宽度为 20
04  print(format(521,'0=20'))          # 右对齐，宽度为 20，用 0 补充，仅对数字有效
05  print(format('mrsoft','^20'))                # 居中对齐，宽度为 20
06  print(format('mrsoft','<20'))                # 左对齐，宽度为 20
07  print(format('明日科技','*>30'))              # 右对齐，宽度为 30，用 * 补充
08  print(format('明日科技','-^30'))              # 居中对齐，宽度为 30，用 - 补充
09  print(format('明日科技','#<30'))              # 左对齐，宽度为 30，用 # 补充
```

程序的运行结果如图 7.1 所示。

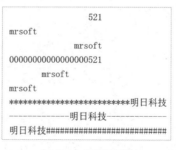

图 7.1　运行结果

📋 **学习笔记**

　　如果填充字符，则只能是一个字符；如果不指定字符，则默认用空格填充。

示例：通过 format() 函数指定有无符号输出，代码如下。

```
01  print(format(7.891,'+.2f'))          # 值为 "+"，正数前添加正号
02  print(format(-7.891,'+.2f'))         # 值为 "+"，负数前添加负号
03  print(format(7.891,'-.2f'))          # 值为 "-"，正数不变
04  print(format(-7.891,'-.2f'))         # 值为 "-"，负数前添加负号
05  print(format(7.891,' .2f'))          # 值为空格，正数前添加空格
06  print(format(-7.891,' .2f'))         # 值为空格，负数前添加负号
```

程序的运行结果为：

```
+7.89
-7.89
7.89
-7.89
 7.89
-7.89
```

示例：通过 format() 函数保留小数位数，代码如下。

```
01  # 保留小数位数，且会四舍五入
02  print(format(6.6821157112,'f'))      # 默认保留小数点后 6 位
03  print(format(6.6821157112,'F'))
04  print(format(1.74159,'.0f'))         # 不带小数
05  print(format(3.14159,'.0f'))
06  print(format(3.14159,'.1f'))         # 保留小数点后 1 位
07  print(format(3.55481,'.3f'))         # 保留小数点后 3 位
08  print(format(3.14159,'.10f'))        # 保留小数点后 10 位，如果位数不足，则用 0 补充
```

程序的运行结果为：

```
6.682116
6.682116
2
3
3.1
3.555
3.1415900000
```

示例：通过 format() 函数进行进制转换，代码如下。

```
01  print(format(20,'b'))           # 转换成二进制数
02  print(format(20,'o'))           # 转换成八进制数
03  print(format(20,'d'))           # 转换成十进制数
04  print(format(20,'x'))           # 转换成十六进制数
05  print(format(20,'X'))           # 转换成十六进制数
06  print(format(20,'#x'))          # 显示 0x 前缀
```

```
07  print(format(20,'#X'))              # 显示 0X 前缀
08  print(format(20,'#b'))              # 显示 0b 前缀
```

程序的运行结果为：

```
10100
24
20
14
14
0x14
0X14
0b10100
```

示例：通过 format() 函数对数值进行格式化，以不同的形式输出，代码如下。

```
01  print(format(0.45,'%'))             # 显示百分比（默认显示小数点后 6 位）
02  print(format(0.511,'.2%'))          # 百分比格式，且保留小数后 2 位
03  print(format(52001000,','))         # 用逗号分隔千分位
04  print(format(1522581.1121,','))     # 用逗号分隔千分位
05  print(format(80000,'.2e'))          # 指数方法
06  print(format(0.521,'.2e'))          # 指数方法
07  print(format(0.91,'G'))             # 自动调整，将整数、浮点数转换成浮点型
08  print(format(4511111111,'g'))       # 超过 6 位数用科学记数法
```

程序的运行结果为：

```
45.000000%
51.10%
52,001,000
1,522,581.1121
8.00e+04
5.21e-01
0.91
4.51111e+09
```

7.2　数据验证

对输入的数据进行验证，通常分为纯数字验证、字符验证、字符与数字混合验证、去除特殊字符的混合验证等，下面介绍使用字符串判断方法和 ASCII 码进行数据验证。

7.2.1　利用字符串的 isalnum()、isdigit() 等方法

Python 提供了对字符串操作非常有用的方法，可以非常方便地判断输入文字是大写字母、小写字母、数字或空白，主要方法如下。

- str.isalnum()：所有字符都是数字或字母。

- str.isdigit()：所有字符都是数字。

- str.islower()：所有字符都是小写。

- str.isupper()：所有字符都是大写。

- str.istitle()：所有单词都是首字母大写，像标题。

- str.isspace()：所有字符都是空白字符、\t、\n、\r。

使用 str.isdigit() 方法可以验证输入的字符是否为数字。例如，需要输入数字字符才可以进入系统，否则不能登录系统提示重新输入字符，代码如下：

```
01  if input('请输入数字验证码：').isdigit():
02  print('正在登录草根之家商务系统！')
03  else:
04  print('输入了非数字字符，请重新输入！')
```

程序的运行结果如图 7.2 和图 7.3 所示。

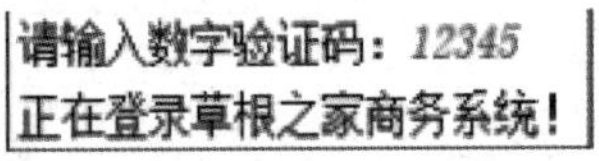

图 7.2　输入数字字符的效果 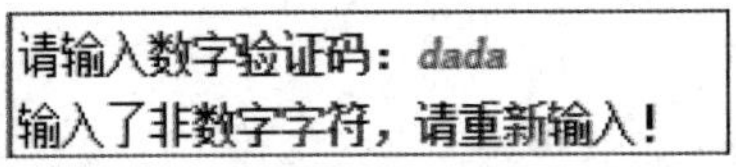　　　　　图 7.3　输入非数字字符的效果

7.2.2　通过字符的 ASCII 码进行验证

通过字符串的一些方法，可以很快地进行验证，但灵活度不够。使用字符的 ASCII 码进行数据验证，方便、灵活，而且高效。例如，对输入的数据进行数字验证，只允许输入数字 1～8（需要注意的是，验证没有考虑密码是否一致），代码如下：

```
01  instr=input('请输入 5 位数字验证码：').strip(' ')   # 获取输入的 5 位数字
02  isgo='go'                    # 是否登录的标记
03  if len(instr)!=5:            # 如果输入的字符（数字）长度不是 5
04      print('输入非 5 位数字，请重新输入！')
05      isgo = 'no'
06  else:
```

```
07      for i in instr:
08          # 如果输入字符的 ASCII 码值为非数字字符
09          if ord(i) not in range(ord('1'),ord('8')):
10              print(' 输入了非数字字符，请重新输入！')
11              isgo = 'no'
12              break
13 if isgo =='go': # 验证成功，输出登录
14     print(' 正在登录站长之家系统！')
```

程序的运行结果如图 7.4 ～图 7.6 所示。

图 7.4　输入正确的数字

图 7.5　输入位数不够的效果

图 7.6　输入了非数字字符的效果

当注册用户时，如果要求输入的用户名为所有字母、数字和符号（除"@"、"\"、"/"和"#"四个特殊符号外），该如何验证呢？字母、数字和符号的 ASCII 码值范围（十进制）是 33 到 126，需要去除的特殊字符"@"、"\"、"/"和"#"的 ASCII 码值分别为 64、92、47、35，代码如下：

```
01 instr=input(' 注册用户名：').strip(' ')          # 获取输入的字符
02 isgo='go'                                        # 验证成功的标记
03 for i in instr:                         # 循环判断每个字符的 ASCII 码值是否合法
04     if ord(i) in range(33,127):
05         if  ord(i) in  [64,92,47,35]:
06             print(' 输入了非法字符 "', i, '" 请重新输入！')
07             isgo = 'no'
08             break
09     else:
10             print(' 输入了非法字符 , 请重新输入！')
11             isgo = 'no'
12             break
13 if isgo =='go':                                  # 验证成功，输出完成注册
14 print(' 用户名注册完成，请继续填写其他注册信息！！')
```

程序运行后，输入注册用户名，如 mingri666***，按 Enter 键，提示“用户注册完成，请继续填写其他注册信息！！”，运行效果如图 7.7 所示；输入“mingri\”，因为包含了非法字符“\”，所以提示“输入了非法字符“\”请重新输入！”，运行效果如图 7.8 所示。

```
注册用户名：mingri666***
用户名注册完成，请继续填写其他注册信息！！
```

图 7.7　输入正确的字符

```
注册用户名：mingri\
输入了非法字符“ \ ”请重新输入！
```

图 7.8　输入非法字符的效果

7.3　数据处理

在 Python 程序开发过程中，经常应用数据处理，如对字符串进行拼接或截取操作，对字符串进行去重操作，对字符串进行编号处理等。下面介绍数据处理的具体方法与应用。

7.3.1　字符串拼接的 4 种方法

Python 提供了多种连接字符串的方法，下面主要介绍常用的 4 种方法。

方法 1：使用加号“+”连接字符串。

最常用连接字符串的方法是用加号“+”连接两个字符串，将两个字符串连接成一个字符串。需要注意的是，不能用“+”连接字符串与数字，需要使用 str() 函数把数字转换成字符串，或者直接在数字两侧添加引号，再进行连接，代码如下：

```
data='www.' +'mingrisoft'+'.com'
train1='www.'+str(12306)+ '.com'
train2='www.'+'12306'+'.com'
print(data )
print(train1)
print(train2)
```

输出结果为：

```
www.mingrisoft.com
```

```
www.12306.com
www.12306.com
```

方法 2：使用逗号连接字符串。

Python 可以使用逗号 "," 连接字符串。当使用逗号 "," 连接字符串时，其实并没有连接成一个字符串，代码如下：

```
01  name=input('姓名： ')
02  phone=input('电话： ')
03  university=input('学校： ')
04  data=name,phone,university
05  print(data )
06  print(' '.join(data) )
```

输出结果为：

```
姓名： john
电话： 10000101011
学校： 东华大学
('john', '10000101011', '东华大学')
John 10000101011 东华大学
```

如果使用 "," 连接字符串，则输出时可以连接到一行，但字符串之间会空一个空格，代码如下：

```
01  print(name,phone,university)
```

输出结果为：

```
John 10000101011 东华大学
```

方法 3：直接连接。

只要把两个字符串放在一起，中间有空格或没有空格，两个字符串将自动连接为一个字符串，代码如下：

```
01  print ('mingrisoft''.com')
```

输出结果为：

```
mingrisoft.com
```

或者

```
01  print ('mingrisoft' '.com')
```

输出结果为：

```
mingrisoft.com
```

方法 4：使用 "%" 连接字符串。

符号 "%" 可以连接一个字符串和一组变量，字符串中的特殊标记会被自动用右边变量组中的变量替换，代码如下：

```
01  print ('%s %s'%('mingrisoft', 'huawei'))
```

输出结果为：

```
mingrisoft huawei
```

7.3.2 数据去重

对数据去重主要是删除数据中的重复数据。下面以对字符串和列表去重的方法，介绍如何进行数据去重。

1. 字符串去重的 5 种方法

方法 1：for 循环字符串去重。

```
01  name=' 王李张李陈王杨张吴周王刘赵黄吴杨 '
02  newname=''
03  for char in name:
04      if char not in newname:
05          newname+=char
06  print (newname)
```

方法 2：while 循环字符串去重。

```
01  name=' 王李张李陈王杨张吴周王刘赵黄吴杨 '
02  newname=''
03  i = len(name)-1
04  while True:
05      if i >=0:
06          if name[i] not in newname:
07              newname+=(name[i])
08              i-=1
09          else:
10              break
11  print (newname)
```

方法 3：使用列表的方法。

```
01  name=' 王李张李陈王杨张吴周王刘赵黄吴杨 '
```

```
02 myname=set(name)
03 print(myname)
04 newname=list(set(name))
05 print(''.join(newname))
06 newname.sort( key=name.index)
07 print(newname)
08 print(''.join(newname))
```

方法 4：在原字符串中直接删除。

```
01 name=' 王李张李陈王杨张吴周王刘赵黄吴杨 '
02 l = len(name) # 字符串下标总长度
03 for s in name:
04     if name[0] in name[1:l]:
05         name = name[1:l]
06     else:
07         name= name[1:l]+name[0]
08 print(name)
```

方法 5：fromkeys() 方法是把字符串 str 转成字典。

```
01 name=' 王李张李陈王杨张吴周王刘赵黄吴杨 '
02 zd={}.fromkeys(name)
03 mylist=list(zd.keys())
04 #mylist = list({}.fromkeys(name).keys())
05 print (''.join(mylist))
```

2. 列表的 5 种去重方法

city=[' 上海 ', ' 广州 ', ' 上海 ', ' 成都 ', ' 上海 ', ' 上海 ', ' 北京 ', ' 上海 ',
' 广州 ', ' 北京 ', ' 上海 ']

方法 1：for 循环语句（不改变原来顺序）。

```
01 ncity = []
02 for item in city:
03     if item not in ncity:
04         ncity.append(item)
05 print (ncity)
```

方法 2：set() 方法（改变原来顺序）。

```
01 ncitx=list(set(city))
02 print(ncitx)
```

方法 3：set() 方法（不改变原来顺序）。

```
01  ncitx=list(set(city))
02  ncitx.sort( key=city.index)
03  print(ncitx)
```

方法 4：count() 方法（改变原来顺序）需要先排序。

```
01  city.sort()
02  for x in city:
03  while city.count(x)>1:
04      del city[city.index(x)]
05
06  print(city)
```

方法 5：把字符串 str 或元组转成数组。

```
01  mylist = list({}.fromkeys(city).keys())
02  print (mylist)
```

7.3.3 数据编号

在开发软件时，用户经常需要对数据进行管理。为有效管理这些数据，通常要为数据建立统一的编号格式。有的编号格式比较简单，只是一些数据的排序编号，如京东图书的计算机新书排行榜中，01、02、03 就是简单的排名编号。但有些数据量非常大，并且还要按照一定类别、体系进行编码，如京东图书 ASKU 编号。那么应该如何实现对数据进行编号呢？

1. 利用 zfill() 方法实现数据编号

zfill() 方法返回指定长度的字符串，原字符串右对齐，不足位数前面填充 0。

zfill() 方法的语法格式如下：

```
str.zfill(width)
```

参数说明如下。

● width：表示指定字符串的长度。原字符串右对齐，不足位数前面填充 0。

● 返回值：表示指定长度的字符串。

zfill() 方法可以实现简单的数据编号，例如，下面的代码：

```
01  print('1'.zfill(3))
02  print('30'.zfill(3) + ' 张强 ')
```

输出结果为：

```
001
030 张强
```

对于列输出的一些数据，通常前面需要添加编号，以便让读者更清晰地看到数据排序或数据之间的关系。下面为几位 F1 赛车手根据积分排名添加两位数据编号，代码如下：

```
01  datasort = []
02  i = 0
03  # 字符串数据
04  data = '莱科宁 236,汉密尔顿 358,维泰尔 294,维斯塔潘 216,博塔斯 227'
05  newlist = data.split(',')   # 将字符串数据分割为列表
06  # 将 F1 赛车手与积分数据添加到新的列表中
07  for item in newlist:
08  opendata = item.split(' ')
09  datasort.append([opendata[1], opendata[0]])
10  datasort.sort(reverse=True)   # 数据降序排列
11  print("\033[1;34m=" * 35)
12  print(" 输出 F1 大奖赛车手积分 ".center(25))
13  print('=' * 35 + '\033[0m')
14  print(' 排名 车手 积分 ')
15  # 循环打印每个 F1 赛车手与对应积分
16  for item in datasort:
17      i = i + 1
18      print('\033[1;32;41m ' + str(i).zfill(2) + ' \033[0m ', item[1].ljust(14)
19      + '\t',item[0].ljust(6) + '\t')
20      print()
```

运行程序，将显示如图 7.9 所示的运行结果。

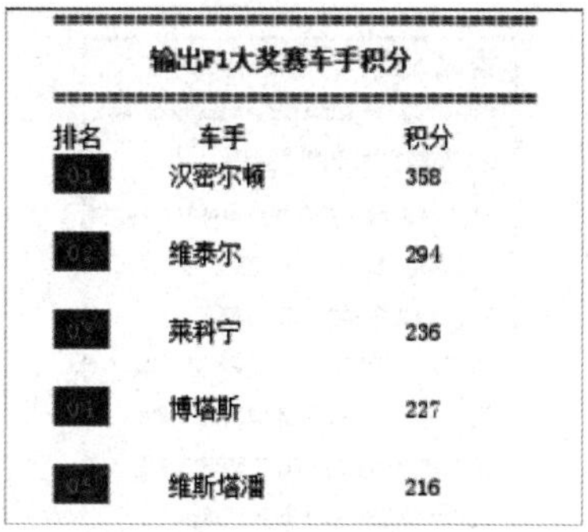

图 7.9 F1 赛车手积分

利用 zfill() 方法也可以实现复杂的数据编号生成，如根据小票购物金额创建抽奖的编号，代码如下：

```
01  import random # 导入随机模块
```

```
02   # 随机数据
03   char=['0','1','2','3','4','5','6','7','8','9','A','B','C','D','E','F']
04   shop='100000056303'                    # 头部固定编号
05   prize=[]                               # 保存抽奖号码的列表
06   inside=''                              # 中段编码
07   amount = input('请输入购物金额：')        # 获取输入金额
08   many=int(int(amount)/100)
09   if int(amount)>=100:
10   # 随机生成中段 7 为编码
11   for i in range(0,7):
12   if inside=='':
13   inside = random.choice(char)
14   else:
15   inside =inside+ random.choice(char)
16   # 生成尾部 4 为数字，并将组合的抽奖号码添加到列表
17   for i in range(0,many):
18   number = str(i+1).zfill(4)
19   prize.append([shop,inside, number])
20   else:
21   print('购物金额低于 100 元，不能参加抽奖！！！')
22   print("\033[1;34m=" *24)
23   print(" 本次购物抽奖号码 ")
24   print('=' *24 +'\033[0m' )
25   # 打印最终的抽奖号码
26   for item in prize:
27   print(''.join(item))
```

运行程序，将显示如图 7.10 所示的运行结果。

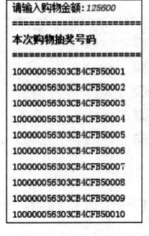

图 7.10   根据小票购物金额创建抽奖的编号

2. 利用 format() 方法实现数据编号

对数据进行编号，也是对字符串格式化操作的一种方式，在 Python3 之后，提供了 format() 方法对字符串进行格式化操作。format() 方法功能非常强大，格式也比较复杂，其语法格式如下：

```
< 模版字符串 >.format(< 逗号分隔的参数 >)
{< 参数序号 >: < 格式控制标记 >}.format(< 逗号分隔的参数 >)
{< 参数序号 >: <%[(name)][flag][width][.][precision]type >}.format(< 逗号分隔的参数 >)
```

其中，"格式控制标记"用于控制参数显示时的格式，包括"填充"、"对齐"、"宽度"、"."、"精度"和"类型"6 个字段，这些字段都是可选的，可以组合使用，如图 7.11 所示。

:	填充	对齐	宽度	.	精度	类别
	用于填充的单个字符	< 左对齐 > 右对齐 ^ 居中对齐	槽的设定输出宽度	数字的千位分隔符，适用于整数和浮点数	浮点数小数部分的精度或字符串的最大输出长度	整数类型 B、c、d、o、x、X，浮点数类型 e、E、f、%

图 7.11　格式控制标记的字段

学习笔记

> 图 7.11 中的冒号并不是格式控制标记，它是语法中固定的冒号，表示"格式控制标记"应该放在冒号的右侧。

对数字 1 进行 3 位编号，需要设置 format() 方法的填充字符为 0，对齐方式为左对齐，宽度为 3，代码如下：

```
print("{:0>3}".format('1'))
```

输出结果为：

```
001
```

对数字 18 进行 5 位编号，需要设置 format() 方法的填充字符为 0，对齐方式为右对齐，宽度为 5，代码如下：

```
print("{:0<5}".format('18'))
```

输出结果为：

```
18000
```

对 2018 年—2019 年赛季 NBA 球队进行排名输出，列表 NBA 只给出了排在前六名的球队，需要添加编号并排序输出前 6 名球队排名，代码如下：

```
01  nba=['猛龙','勇士','雄鹿','开拓者','掘金','76人']  # 数据列表
02  i=0  # 默认编号
03  for item in nba:
04  i=i+1                            # 递增编号
05  data='{:0>2}'.format(i)+ ' '+ item    # 数字补 0，填充左边宽度为 2
06  print(data)                      # 打印带编号的数据
```

输出结果为：

猛龙
勇士
雄鹿
开拓者
掘金
76 人

📋 **学习笔记**

format() 是为 Python 字符串对象提供的方法，用于对字符串进行格式化，该方法与 Python 内置函数 format() 不同，format() 方法只能对字符串类型进行格式化，而 format() 函数可以对其他类型进行格式化。

第二篇　进阶篇

第 8 章　文件与I/O

在变量、序列和对象中存储的数据是暂时的，程序结束后就会丢失。为了能够长时间地保存程序中的数据，需要将程序中的数据保存到磁盘文件中。Python 提供了内置的文件对象和对文件、目录进行操作的内置模块。通过这些技术可以很方便地将数据保存到文件（如文本文件等）中，以达到长时间保存数据的目的。本章将详细介绍在 Python 中如何进行文件和目录的相关操作。

8.1　基本文件操作

在 Python 中，内置了文件（File）对象。在使用文件对象时，首先需要通过内置的 open() 函数创建一个文件对象，然后通过该对象提供的函数进行一些基本文件操作。例如，可以使用文件对象的 write() 函数向文件中写入内容，以及使用 close() 函数关闭文件等。下面将介绍如何应用 Python 的文件对象进行基本文件操作。

8.1.1　创建和打开文件

微课视频

在 Python 中，想要操作文件需要先创建或打开指定的文件并创建文件对象，可以通过内置的 open() 函数实现。open() 函数的基本语法格式如下：

```
file = open(filename[,mode[,buffering]])
```

参数说明如下。

● file：被创建的文件对象。

● filename：要创建或打开文件的文件名称，需要使用单引号或双引号括起来。如果要打开的文件和当前文件在同一个目录下，那么直接写文件名即可，否则需要指定完整路径。例如，要打开当前路径下的名称为 status.txt 的文件，可以使用"status.txt"。

- mode：可选参数，用于指定文件的打开模式，默认的打开模式为只读（即 r），mode 参数的参数值及其说明如表 8.1 所示。

表 8.1　mode 参数的参数值及其说明

值	说　　明	注　意
r	以只读模式打开文件。文件的指针将会放在文件的开头	文件必须存在
rb	以二进制形式打开文件，并且采用只读模式。文件的指针将会放在文件的开头。一般用于非文本文件，如图片、语音等	
r+	打开文件后，可以读取文件内容，也可以写入新的内容覆盖原有内容（从文件开头进行覆盖）	
rb+	以二进制形式打开文件，并且采用读写模式。文件的指针将会放在文件的开头。一般用于非文本文件，如图片、语音等	
w	以只写模式打开文件	如果文件存在，则将其覆盖，否则创建新文件
wb	以二进制形式打开文件，并且采用只写模式。一般用于非文本文件，如图片、语音等	
w+	打开文件后，先清空原有内容，使其变为一个空的文件，对这个空文件有读写权限	
wb+	以二进制形式打开文件，并且采用读写模式。一般用于非文本文件，如图片、语音等	
a	以追加模式打开一个文件。如果该文件已经存在，则文件指针将放在文件的末尾（即新内容会被写入已有内容之后），否则，创建新文件用于写入	
ab	以二进制形式打开文件，并且采用追加模式。如果该文件已经存在，则文件指针将放在文件的末尾（即新内容会被写入已有内容之后），否则，创建新文件用于写入	
a+	以读写模式打开文件。如果该文件已经存在，则文件指针将放在文件的末尾（即新内容会被写入已有内容之后），否则，创建新文件用于读写	
ab+	以二进制形式打开文件，并且采用追加模式。如果该文件已经存在，则文件指针将放在文件的末尾（即新内容会被写入已有内容之后），否则，创建新文件用于读写	

buffering：可选参数，用于指定读写文件的缓冲模式，当值为 0 时表示表达式不缓存；当值为 1 时表示表达式缓存；如果 buffering 的值大于 1，则表示缓冲区的大小。默认为缓存模式。

使用 open() 函数经常实现以下几个功能。

1. 打开一个不存在的文件时先创建该文件

在默认的情况下，使用 open() 函数打开一个不存在的文件，会抛出如图 8.1 所示的异常。

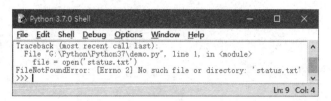

图 8.1　打开不存在的文件时抛出的异常

要解决如图 8.1 所示的错误，主要有以下两种方法。

● 在当前目录下（即与执行的文件相同的目录）创建一个名称为 status.txt 的文件。

● 在调用 open() 函数时，指定 mode 的参数值为 w、w+、a、a+。这样，当要打开的
文件不存在时，就可以创建新的文件了。

2.　以二进制形式打开文件

使用 open() 函数不仅能够以文本的形式打开文本文件，而且能够以二进制形式打开非
文本文件，如图片文件、音频文件、视频文件等。例如，创建一个名称为 picture.png 的图
片文件，如图 8.2 所示，并且使用 open() 函数以二进制形式打开该文件。

图 8.2　打开的图片文件

以二进制形式打开图片文件，并输出创建的对象，代码如下：

```
01  file = open('picture.png','rb')          # 以二进制形式打开图片文件
02  print(file)                              # 输出创建的对象
```

执行上面的代码后，将显示如图 8.3 所示的运行结果。

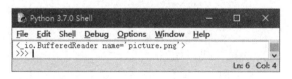

图 8.3　以二进制形式打开图片文件

从图 8.3 中可以看出，创建的是一个 BufferedReader 对象。对于该对象生成后，可以
再使用其他的第三方模块进行处理。例如，上面的 BufferedReader 对象是通过打开图片文
件实现的。那么就可以将其传入第三方的图像处理库 PIL 的 Image 模块的 open() 函数中，
以便于对图片进行处理（如调整大小等）。

3. 打开文件时指定编码方式

当使用 open() 函数打开文件时，默认采用 GBK 编码，当被打开的文件不是 GBK 编码时，将抛出如图 8.4 所示的异常。

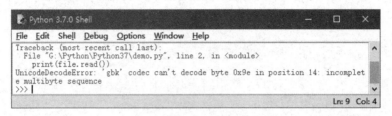

图 8.4 抛出 Unicode 解码异常

解决该问题的方法有两种，一种是直接修改文件的编码；另一种是在打开文件时，直接指定使用的编码方式。推荐采用第二种方法。下面重点介绍如何在打开文件时指定编码方式。

在调用 open() 函数时，通过添加"encoding='utf-8'"参数即可实现将编码指定为 UTF-8。如果想要指定其他编码可以将单引号中的内容替换为想要指定的编码即可。

例如，打开采用 UTF-8 编码保存的 notice.txt 文件，代码如下：

```
file = open('notice.txt','r',encoding='utf-8')
```

8.1.2 关闭文件

微课视频

打开文件后，需要及时关闭文件，以免对文件造成不必要的破坏。关闭文件可以使用文件对象的 close() 函数实现。close() 函数的语法格式如下：

```
file.close()
```

其中，file 为打开的文件对象。

例如，关闭打开的 file 对象，代码如下：

```
file.close()      # 关闭文件对象
```

📋 学习笔记

close() 函数先刷新缓冲区中还没有写入的信息，再关闭文件，这样可以将没有写入文件的内容写入文件中。在关闭文件后，便不能再进行写入操作了。

微课视频

8.1.3 打开文件时使用 with 语句

打开文件后，要及时将其关闭。如果忘记关闭文件可能会带来意想不到的问题。另外，如果在打开文件时抛出了异常，那么将导致文件不能被及时关闭。为了更好地避免此类问题发生，可以使用 Python 提供的 with 语句。从而实现在处理文件时，无论是否抛出异常，都能保证 with 语句执行完毕后关闭已经打开的文件。with 语句的语法格式如下：

```
with expression as target:
    with-body
```

参数说明如下。

- expression：用于指定一个表达式，这里可以是打开文件的 open() 函数。

- target：用于指定一个变量，并且将 expression 的结果保存到该变量中。

- with-body：用于指定 with 语句体，其中可以是执行 with 语句后面相关的一些操作语句。如果不想执行任何语句，可以直接使用 pass 语句代替。

例如，在打开文件时使用 with 语句，代码如下：

```
01  print("\n","="*10,"Python 经典应用 ","="*10)
02  # 创建或打开保存 Python 经典应用信息的文件
03  with open('message.txt','w') as file:
04      pass
05  print("\n 即将显示……\n")
```

微课视频

8.1.4 写入文件内容

在前面的内容中，虽然创建并打开了一个文件，但是该文件中并没有任何内容，它的大小是 0KB。Python 中的文件对象提供了 write() 函数，可以向文件中写入内容。write() 函数的语法格式如下：

```
file.write(string)
```

其中，file 为打开的文件对象；string 为要写入的字符串。

📋 **学习笔记**

> 在调用 write() 函数向文件中写入内容的前提是，当打开文件时，指定的打开模式为 w（可写）或 a（追加），否则，将抛出如图 8.5 所示的异常。

图 8.5　没有写入权限时抛出的异常

微课视频

8.1.5　读取文件

在 Python 中打开文件后，除了可以向其写入或追加内容，还可以读取文件中的内容。读取文件内容主要分为以下几种情况。

1. 读取指定字符

文件对象提供了 read() 函数读取指定个数的字符，语法格式如下：

```
file.read([size])
```

其中，file 为打开的文件对象；size 为可选参数，用于指定要读取的字符个数，如果省略 size 参数，则一次性读取所有内容。

📋**学习笔记**

在调用 read() 函数读取文件内容的前提是，当打开文件时，指定的打开模式为 r（只读）或 r+（读写），否则，将抛出如图 8.6 所示的异常。

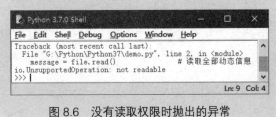

图 8.6　没有读取权限时抛出的异常

例如，读取 message.txt 文件中的前 9 个字符，代码如下：

```
01  with open('message.txt','r') as file:        # 打开文件
02      string = file.read(9)                     # 读取前 9 个字符
03      print(string)
```

如果 message.txt 的文件内容为：

Python 的强大，强大到你无法想象！！！

则执行上面的代码后，将显示以下结果：

> Python 的强大

在使用 read(size) 函数读取文件时，是从文件的开头读取的。如果想要读取部分内容，则可以先使用文件对象的 seek() 函数将文件的指针移动到新的位置，然后使用 read(size) 函数读取文件。seek() 函数的语法格式如下：

```
file.seek(offset[,whence])
```

参数说明如下。

- file：表示已经打开的文件对象。
- offset：用于指定移动的字符个数，其具体位置与 whence 有关。
- whence：用于指定从什么位置开始计算。当值为 0 时表示从文件头开始计算，当值为 1 时表示从当前位置开始计算，当值为 2 时表示从文件尾开始计算，默认值为 0。

📋 学习笔记

对于 whence 参数，如果在打开文件时，没有使用 b 模式（即 rb），则只允许从文件头开始计算相对位置，从文件尾计算时就会抛出如图 8.7 所示的异常。

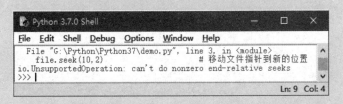

图 8.7　没有使用 b 模式，从文件尾计算时抛出的异常

例如，想要从文件的第 11 个字符开始读取 8 个字符，代码如下：

```
01  with open('message.txt','r') as file:        # 打开文件
02      file.seek(14)                             # 移动文件指针到新的位置
03      string = file.read(8)                     # 读取 8 个字符
04      print(string)
```

如果 message.txt 的文件内容为：

> Python 的强大，强大到你无法想象！！！

则执行上面的代码后，将显示以下结果：

> 强大到你无法想象

📋 **学习笔记**

在使用 seek() 函数时，offset 的值是按一个汉字占两个字符、英文和数字各占一个字符计算的，这与 read(size) 函数不同。

2. 读取一行

在使用 read() 函数读取文件时，如果文件很大，一次读取全部内容到内存，容易造成内存不足，所以通常会采用逐行读取。文件对象提供了 readline() 函数用于每次读取一行数据。readline() 函数的语法格式如下：

```
file.readline()
```

其中，file 为打开的文件对象。同 read() 函数一样，在打开文件时，也需要指定打开模式为 r（只读）或 r+（读写）。

例如，通过 readline() 函数读取 message.txt 文件的内容，并输出读取结果，代码如下：

```
01  print("\n","="*20,"Python经典应用 ","="*20,"\n")
02  # 打开保存 Python 经典应用信息的文件
03  with open('message.txt','r') as file:
04      number = 0                              # 记录行号
05      while True:
06          number += 1
07          line = file.readline()
08          if line =='':
09              break                           # 跳出循环
10          print(number,line,end= "\n")        # 输出一行内容
11  print("\n","="*20,"over","="*20,"\n")
```

执行上面的代码后，将显示如图 8.8 所示的运行结果。

图 8.8　逐行显示 Python 经典应用

3. 读取全部行

读取全部行的作用同调用 read() 函数时不指定 size 类似，只不过当读取全部行时，返回的是一个字符串列表，每个元素为文件的一行内容。读取全部行，使用的是文件对象的 readlines() 函数，语法格式如下：

```
file.readlines()
```

其中，file 为打开的文件对象。同 read() 函数一样，在打开文件时，也需要指定打开模式为 r（只读）或 r+（读写）。

例如，通过 readlines() 函数读取 message.txt 文件中的所有内容，并输出读取结果，代码如下：

```
01  print("\n","="*20,"Python 经典应用 ","="*20,"\n")
02  # 打开保存 Python 经典应用信息的文件
03  with open('message.txt','r') as file:
04      message = file.readlines()                          # 读取全部信息
05      print(message)                                      # 输出信息
06      print("\n","="*25,"over","="*25,"\n")
```

执行上面的代码后，将显示如图 8.9 所示的运行结果。

图 8.9　readlines() 函数的返回结果

从图 8.9 运行结果中可以看出，readlines() 函数的返回值为一个字符串列表。在这个字符串列表中，每个元素记录一行内容。如果文件比较大，则采用这种方法输出读取的文件内容会很慢。这时可以将列表的内容逐行输出。例如，上面示例代码修改如下：

```
01  print("\n","="*20,"Python 经典应用 ","="*20,"\n")
02  # 打开保存 Python 经典应用信息的文件
03  with open('message.txt','r') as file:
04      messageall = file.readlines()                       # 读取全部信息
05      for message in messageall:
06          print(message)                                  # 输出一条信息
07  print("\n","="*25,"over","="*25,"\n")
```

上述代码的执行结果与图 8.8 相同。

8.2　目录操作

目录也称文件夹，用于分层保存文件。通过目录可以分门别类地存储文件。我们也可以通过目录快速找到想要的文件。在 Python 中，并没有提供直接操作目录的函数或对象，而是需要使用内置的 os 模块和 os.path 模块实现。

📋 **学习笔记**

> os 模块是 Python 内置的与操作系统功能和文件系统相关的模块，该模块中的语句的执行结果通常与操作系统有关，在不同的操作系统上运行，可能会得到不一样的结果。

常用的目录操作主要有判断目录是否存在、创建目录、删除目录和遍历目录等，下面将详细介绍目录操作。

8.2.1　os 模块和 os.path 模块

微课视频

在 Python 中，内置了 os 模块及其子模块 os.path，用于对目录或文件进行操作。在使用 os 模块或 os.path 模块时，需要先应用 import 语句将其导入，然后才可以使用它们提供的函数或变量。

导入 os 模块的代码如下：

```
import os
```

📋 **学习笔记**

> 导入 os 模块后，也可以使用其子模块 os.path。

导入 os 模块后，可以使用该模块提供的通用变量获取与操作系统有关的信息，常用的变量有以下几个。

● name：用于获取操作系统类型。

例如，在 Windows 操作系统下输入 "os.name"，将显示如图 8.10 所示的结果。

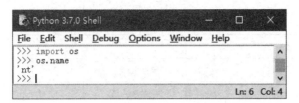

图 8.10　显示 os.name 的结果

📋 学习笔记

如果 os.name 的输出结果为 nt，则表示是 Windows 操作系统；如果 os.name 的输出结果为 posix，则表示是 Linux、UNIX 或 Mac OS 操作系统。

● linesep：用于获取当前操作系统上的换行符。

例如，在 Windows 操作系统下输入 "os.linesep"，将显示如图 8.11 所示的结果。

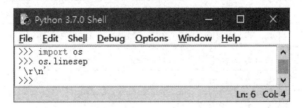

图 8.11　显示 os.linesep 的结果

● sep：用于获取当前操作系统所使用的路径分隔符。

例如，在 Windows 操作系统下输入 "os.sep"，将显示如图 8.12 所示的结果。

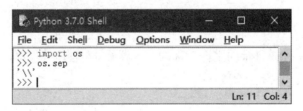

图 8.12　显示 os.sep 的结果

os 模块提供的一些与目录相关的函数及其说明，如表 8.2 所示。

表 8.2　os 模块提供的一些与目录相关的函数及其说明

函　　数	说　　明
getcwd()	返回当前的工作目录
listdir(path)	返回指定路径下的文件和目录信息

续表

函　　数	说　　明
mkdir(path [,mode])	创建目录
makedirs(path1/path2……[,mode])	创建多级目录
rmdir(path)	删除目录
removedirs(path1/path2……)	删除多级目录
chdir(path)	把 path 设置为当前工作目录
walk(top[,topdown[,onerror]])	遍历目录树，该方法返回一个元组，包括所有路径名、目录列表和文件列表 3 个元素

os.path 模块提供的一些与目录相关的函数及其说明，如表 8.3 所示。

表 8.3　os.path 模块提供的一些与目录相关的函数及其说明

函　　数	说　　明
abspath(path)	用于获取文件或目录的绝对路径
exists(path)	用于判断目录或文件是否存在，如果目录或文件存在则返回 True；否则返回 False
join(path,name)	将目录与目录或文件名拼接起来
splitext(path)	分离文件名和扩展名
basename(path)	从一个目录中提取文件名
dirname(path)	从一个路径中提取文件路径，不包括文件名
isdir(path)	用于判断是否为路径

8.2.2　路径

微课视频

用于定位一个文件或目录的字符串称为一个路径。在程序开发时，通常涉及两种路径：一种是相对路径，另一种是绝对路径。

1. 相对路径

在学习相对路径之前，需要先了解什么是当前工作目录。当前工作目录是指当前文件所在的目录。在 Python 中，可以通过 os 模块提供的 getcwd() 函数获取当前工作目录。例如，在"E:\program\Python\Code\demo.py"文件中，编写以下代码：

```
01  import os
02  print(os.getcwd())                          # 输出当前工作目录
```

执行上面的代码后，将显示以下目录，该路径就是当前工作目录：

```
E:\program\Python\Code
```

相对路径依赖于当前工作目录。如果在当前工作目录下，有一个名称为 message.txt 的文件，那么在打开这个文件时，就可以直接写上文件名，这时采用的就是相对路径，message.txt 文件的实际路径就是当前工作目录"E:\program\Python\Code"+ 相对路径"message.txt"，即"E:\program\Python\Code\message.txt"。

如果在当前工作目录下，有一个子目录 demo，并且在该子目录下保存着 message.txt 文件，那么在打开这个文件时，就可以写上"demo/message.txt"，如下面的代码：

```
01  with open("demo/message.txt") as file:        # 通过相对路径打开文件
02      pass
```

📋 学习笔记

在 Python 中，指定文件路径时需要对路径分隔符"\"进行转义，即将路径中的"\"替换为"\\"。例如，对于相对路径"demo\message.txt"需要使用"demo\\message.txt"代替。另外，也可以将路径分隔符"\"采用"/"代替。

📋 学习笔记

在指定文件路径时，也可以在表示路径的字符串前面加上字母 r 或 R，那么该字符串将原样输出，这时路径中的分隔符就不需要再转义了。例如，上面的代码也可以修改为以下内容：

```
01  with open(r"demo\message.txt") as file:       # 通过相对路径打开文件
02      pass
```

2. 绝对路径

绝对路径是指在使用文件时指定文件的实际路径，它不依赖于当前工作目录。在 Python 中，可以通过 os.path 模块提供的 abspath() 函数获取一个文件的绝对路径。abspath() 函数的语法格式如下：

```
os.path.abspath(path)
```

其中，path 表示要获取绝对路径的相对路径，可以是文件也可以是目录。

例如，要获取相对路径"demo\message.txt"的绝对路径，代码如下：

```
01  import os
02  print(os.path.abspath(r"demo\message.txt"))              # 获取绝对路径
```

如果当前工作目录为"E:\program\Python\Code",那么将显示以下结果:

```
E:\program\Python\Code\demo\message.txt
```

3. 拼接路径

如果想要将两个或多个路径拼接到一起组成一个新的路径,可以使用 os.path 模块提供的 join() 函数实现。join() 函数的语法格式如下:

```
os.path.join(path1[,path2[,……]])
```

其中,path1、path2 表示要拼接的文件路径,这些路径之间使用逗号分隔。如果在要拼接的路径中,没有一个绝对路径,那么最后拼接出来的将是一个相对路径。

📋 学习笔记

当使用 join() 函数拼接路径时,并不会检测该路径是否真实存在。

例如,将"E:\program\Python\Code"和"demo\message.txt"路径拼接到一起,代码如下:

```
01  import os
02  # 拼接字符串
03  print(os.path.join("E:\program\Python\Code","demo\message.txt"))
```

执行上面的代码后,将显示以下结果:

```
E:\program\Python\Code\demo\message.txt
```

📋 学习笔记

在使用 join() 函数时,如果要拼接的路径中,存在多个绝对路径,那么以从左到右的顺序最后一次出现的为基准,并且该路径之前的参数都将被忽略。例如,执行下面的代码:

```
01  import os
02  # 拼接字符串
03  print(os.path.join("E:\\code","E:\\python\\mr","Code","C:\\","demo"))
```

将得到拼接后的路径为"C:\demo"。

📋 学习笔记

当把两个路径拼接为一个路径时,不要直接使用字符串拼接,而是使用 join() 函数,这样可以正确处理不同操作系统的路径分隔符。

8.2.3　判断目录是否存在

在 Python 中，有时需要判断给定的目录是否存在，这时可以使用 os.path 模块提供的 exists() 函数实现。exists() 函数的语法格式如下：

```
os.path.exists(path)
```

参数说明如下。

● path：表示要判断的目录，可以采用绝对路径，也可以采用相对路径。

● 返回值：如果给定的路径存在，则返回 True，否则返回 False。

例如，判断绝对路径"C:\demo"是否存在，代码如下：

```
01  import os
02  print(os.path.exists("C:\\demo"))                    # 判断目录是否存在
```

执行上面的代码后，如果在 C 盘根目录下没有 demo 子目录，则返回 False；否则返回 True。

📖 **学习笔记**

> exists() 函数除了可以判断目录是否存在，还可以判断文件是否存在。例如，如果将上面代码中的"C:\\demo"替换为"C:\\demo\\test.txt"，则用于判断"C:\demo\test.txt"文件是否存在。

8.2.4　创建目录

在 Python 中，os 模块提供了两个创建目录的函数，一个用于创建一级目录；另一个用于创建多级目录，下面分别进行介绍。

1. 创建一级目录

创建一级目录是指一次只能创建一级目录。在 Python 中，可以使用 os 模块提供的 mkdir() 函数实现。通过该函数只能创建指定路径中的最后一级目录，如果该目录的上一级不存在，则抛出 FileNotFoundError 异常。mkdir() 函数的语法格式如下：

```
os.mkdir(path, mode=0o777)
```

参数说明如下。

● path：用于指定要创建的目录，可以使用绝对路径，也可以使用相对路径。

- mode：用于指定数值模式，默认值为 0777。该参数在非 UNIX 操作系统上无效或被忽略。

例如，在 Windows 操作系统上创建一个 "C:\demo" 目录，可以使用下面的代码：

```
01 import os
02 os.mkdir("C:\\demo")                          # 创建 "C:\demo" 目录
```

执行下面的代码后，将在 C 盘根目录下创建一个 demo 目录，如图 8.13 所示。

图 8.13　创建 demo 目录成功

如果在创建路径时，demo 目录已经存在了，将抛出 FileExistsError 异常。例如，将上面的示例代码再执行一次，将抛出如图 8.14 所示的异常。

图 8.14　创建 demo 目录失败的异常

要解决上面的问题，可以在创建目录前，先判断指定的目录是否存在，只有当目录不存在时才创建，代码如下：

```
01 import os
02 path = "C:\\demo"                             # 指定要创建的目录
03 if not os.path.exists(path):                  # 判断目录是否存在
04     os.makedirs(path)                         # 创建目录
05     print("目录创建成功！")
06 else:
07     print("该目录已经存在！")
```

执行上面的代码后，如果 "C:\\demo" 目录已经存在，则显示以下内容：

　　该目录已经存在！

否则显示以下内容，同时目录将成功创建。

　　目录创建成功！

📖 学习笔记

如果指定的目录有多级，而且最后一级的上级目录中有不存在的，则抛出 FileNot FoundError 异常，并且没有成功创建目录。这时可以使用创建多级目录的方法。

2. 创建多级目录

使用 mkdir() 函数只能创建一级目录，如果想要创建多级目录，则可以使用 os 模块提供的 makedirs() 函数，该函数采用递归的方式创建目录。makedirs() 函数的语法格式如下：

```
os.makedirs(name, mode=0o777)
```

参数说明如下。

- name：用于指定要创建的目录，可以使用绝对路径，也可以使用相对路径。
- mode：用于指定数值模式，默认值为 0777。该参数在非 UNIX 操作系统上无效或被忽略。

例如，在 Windows 操作系统上，刚刚创建的"C:\demo"目录下，再创建子目录"test\dir\mr"（对应的目录为"C:\demo\test\dir\mr"），代码如下：

```
01  import os
02  # 创建 "C:\demo\test\dir\mr" 目录
03  os.makedirs ("C:\\demo\\test\\dir\\mr ")
```

执行上面的代码后，将在"C:\demo"目录下创建子目录 test，并且在 test 目录下再创建子目录 dir，在 dir 目录下再创建子目录 mr，如图 8.15 所示。

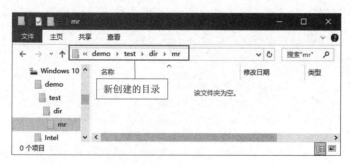

图 8.15　创建多级目录的结果

8.2.5　删除目录

微课视频

删除目录可以使用 os 模块提供的 rmdir() 函数实现。在使用 rmdir() 函数删除目录时，只有当要删除的目录为空时才起作用。rmdir() 函数的语法格式如下：

```
os.rmdir(path)
```

其中，path 为要删除的目录，可以使用相对路径，也可以使用绝对路径。

例如，删除创建的"C:\demo\test\dir\mr"目录，代码如下：

```
01  import os
02  os.rmdir("C:\\demo\\test\\dir\\mr")# 删除"C:\demo\test\dir"目录下的mr目录
```

执行上面的代码后，将删除"C:\demo\test\dir"目录下的 mr 目录。

学习笔记

如果想要删除的目录不存在，那么将抛出"FileNotFoundError: [WinError 2] 系统找不到指定的文件。"异常。因此，在执行os.rmdir() 函数前，建议先判断该路径是否存在，可以使用 os.path.exists() 函数判断路径是否存在，代码如下：

```
01  import os
02  path = "C:\\demo\\test\\dir\\mr"              # 指定要创建的目录
03  if os.path.exists(path):                      # 判断目录是否存在
04      os.rmdir("C:\\demo\\test\\dir\\mr")       # 删除目录
05      print("目录删除成功！")
06  else:
07      print("该目录不存在！")
```

学习笔记

使用 rmdir() 函数只能删除空的目录，如果想要删除非空目录，则需要使用 Python 内置的标准模块 shutil 的 rmtree() 函数实现。例如，删除不为空的"C:\\demo\\test"目录，代码如下：

```
01  import shutil
02  shutil.rmtree("C:\\demo\\test")   # 删除"C:\demo"目录下的test目录
```

8.2.6　遍历目录

微课视频

在 Python 中，遍历是对指定目录下的全部目录（包括子目录）及文件浏览一遍。在 Python 中，os 模块的 walk() 函数用于实现遍历目录的功能。walk() 函数的语法格式如下：

```
os.walk(top[, topdown][, onerror][, followlinks])
```

参数说明如下。

- top：用于指定要遍历内容的根目录。

- topdown：可选参数，用于指定遍历的顺序。如果值为 True，则表示自上而下遍历（即先遍历根目录）；如果值为 False，则表示自下而上遍历（即先遍历最后一级子目录）。默认值为 True。

- onerror：可选参数，用于指定错误处理方式，默认为忽略。如果不想忽略则可以指定一个错误处理函数。在通常情况下采用默认。

- followlinks：可选参数，在默认情况下，walk() 函数不会向下转换成解析到目录的符号链接。将该参数值设置为 True，表示用于指定在支持的系统上访问由符号链接指向的目录。

- 返回值：返回一个包括 3 个元素（dirpath, dirnames, filenames）的元组生成器对象。其中，dirpath 表示当前遍历的路径，是一个字符串；dirnames 表示当前路径下包含的子目录，是一个列表；filenames 表示当前路径下包含的文件，也是一个列表。

例如，遍历指定目录"E:\program\Python\Code\01"，代码如下：

```
01  import os                          # 导入 os 模块
02  # 遍历"E:\program\Python\Code\01"目录
03  tuples = os.walk("E:\\program\\Python\\Code\\01")
04  for tuple1 in tuples:              # 通过 for 循环输出遍历结果
05      print(tuple1 ,"\n")           # 输出每一级目录的元组
```

如果在"E:\program\Python\Code\01"目录下包括如图 8.16 所示的内容，则执行上面的代码后，将显示如图 8.17 所示的结果。

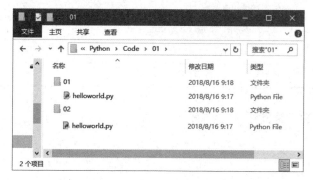

图 8.16　遍历指定目录

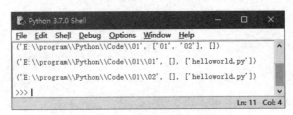

图 8.17 遍历指定目录的结果

📋 学习笔记

walk() 函数只在 UNIX 和 Windows 操作系统中有效。

8.3 高级文件操作

Python 内置的 os 模块除了可以对目录进行操作，还可以对文件进行一些高级操作，具体函数及其说明如表 8.4 所示。

表 8.4 os 模块提供的与文件相关的函数及其说明

函　　数	说　　明
access(path,accessmode)	获取对文件是否有指定的访问权限（读取、写入、执行权限）。accessmode 的值是 R_OK（读取）、W_OK（写入）、X_OK（执行）或 F_OK（存在）。如果有指定的权限，则返回 1，否则返回 0
chmod(path,mode)	修改 path 指定文件的访问权限
remove(path)	删除 path 指定的文件路径
rename(src,dst)	将文件或目录 src 重命名为 dst
stat(path)	返回 path 指定文件的信息
startfile(path [, operation])	使用关联的应用程序打开 path 指定的文件

下面将对常用的高级操作进行详细介绍。

8.3.1 删除文件

微课视频

Python 没有内置删除文件的函数，但是在内置的 os 模块中提供了删除文件的函数

remove()，该函数的语法格式如下：

```
os. remove(path)
```

其中，path 为要删除的文件路径，可以使用相对路径，也可以使用绝对路径。

例如，要删除当前工作目录下的 mrsoft.txt 文件，代码如下：

```
01  import os                    # 导入 os 模块
02  os.remove("mrsoft.txt")      # 删除当前工作目录下的 mrsoft.txt 文件
```

执行上面的代码后，如果在当前工作目录下存在 mrsoft.txt 文件，即可将其删除，否则显示如图 8.18 所示的异常。

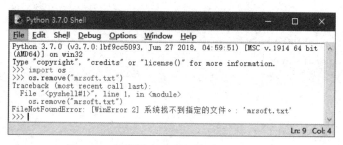

图 8.18 要删除的文件不存在显示的异常

为了解决以上异常，可以在删除文件时，先判断文件是否存在，只有要删除的文件存在时才执行删除操作，代码如下：

```
01  import os                       # 导入 os 模块
02  path = "mrsoft.txt"             # 要删除的文件
03  if os.path.exists(path):        # 判断文件是否存在
04      os.remove(path)             # 删除文件
05      print("文件删除完毕！")
06  else:
07      print("文件不存在！")
```

执行上面的代码后，如果 mrsoft.txt 不存在，则显示以下内容：

文件不存在！

否则显示以下内容，同时文件将被删除：

文件删除完毕！

8.3.2 重命名文件和目录

os 模块提供了重命名文件和目录的函数 rename()，如果指定的路径是文件，则重命名文件；如果指定的路径是目录，则重命名目录。rename() 函数的语法格式如下：

```
os.rename(src,dst)
```

其中，src 用于指定要进行重命名的目录或文件；dst 用于指定重命名后的目录或文件。

同删除文件一样，在进行文件或目录重命名时，如果指定的目录或文件不存在，则会抛出 FileNotFoundError 异常，所以在进行文件或目录重命名时，也建议先判断文件或目录是否存在，只有存在时才可以进行重命名操作。

例如，想要将 "C:\demo\test\dir\mr\mrsoft.txt" 文件重命名为 "C:\demo\test\dir\mr\mr.txt"，代码如下：

```
01  import os                                          # 导入 os 模块
02  src = "C:\\demo\\test\\dir\\mr\\mrsoft.txt"        # 要重命名的文件
03  dst = "C:\\demo\\test\\dir\\mr\\mr.txt"            # 重命名后的文件
04  if os.path.exists(src):                            # 判断文件是否存在
05      os.rename(src,dst)                             # 重命名文件
06      print("文件重命名完毕！")
07  else:
08      print("文件不存在！")
```

执行上面的代码后，如果 "C:\demo\test\dir\mr\mrsoft.txt" 文件不存在，则显示以下内容：

文件不存在！

否则显示以下内容，同时文件被重命名：

文件重命名完毕！

使用 rename() 函数重命名目录与重命名文件的方法基本相同，只要把原来的文件路径替换为目录即可。例如，想要将当前目录下的 demo 目录重命名为 test，代码如下：

```
01  import os                          # 导入 os 模块
02  src = "demo"                       # 要重命名的目录为当前目录下的 demo
03  dst = "test"                       # 重命名后的目录名为 test
04  if os.path.exists(src):            # 判断目录是否存在
05      os.rename(src,dst)             # 重命名目录
06      print("目录重命名完毕！")
07  else:
08      print("目录不存在！")
```

📋 学习笔记

在使用 rename() 函数重命名目录时，只能修改最后一级的目录名称，否则会抛出如图 8.19 所示的异常。

图 8.19　重命名的不是最后一级目录时抛出的异常

8.3.3　获取文件基本信息

在计算机中创建文件后，该文件本身就会包含一些信息。例如，文件的最后一次访问时间、最后一次修改时间、文件大小等基本信息。通过 os 模块的 stat() 函数可以获取文件的这些基本信息。stat() 函数的语法格式如下：

```
os.stat(path)
```

其中，path 为要获取文件基本信息的文件路径，可以是相对路径，也可以是绝对路径。

stat() 函数的返回值是一个对象，该对象包含属性，通过访问这些属性可以获取文件的基本信息，表 8.5 展示了 stat() 函数返回对象的属性及其说明。

表 8.5　stat() 函数返回对象的属性及其说明

属　　性	说　　明	属　　性	说　　明
st_mode	保护模式	st_dev	设备名
st_ino	索引号	st_uid	用户 ID
st_nlink	硬连接号（被连接数目）	st_gid	组 ID
st_size	文件大小，单位为字节	st_atime	最后一次访问时间
st_mtime	最后一次修改时间	st_ctime	最后一次状态变化的时间（操作系统不同返回结果也不同。例如，在 Windows 操作系统下返回的是文件的创建时间）

例如，获取 message.txt 文件的文件路径、大小和最后一次修改时间，代码如下：

```
01  import os                                        # 导入 os 模块
02  if os.path.exists("message.txt"):                # 判断文件是否存在
03      fileinfo = os.stat("message.txt")            # 获取文件的基本信息
04  # 获取文件的完整路径
05      print(" 文件完整路径: ", os.path.abspath("message.txt"))
```

```
06      print(" 文件大小：",fileinfo.st_size," 字节 ")         # 输出文件的基本信息
07      print(" 最后一次修改时间：",fileinfo.st_mtime)
```

运行结果如图 8.20 所示。

图 8.20　获取文件信息

第 9 章　字典与集合

在 Python 中，除了包括前面章节中介绍的序列数据结构，还包括字典和集合两个不重复且无序的数据结构，也称为非序列数据结构。其中，字典可以看作是一个"键 - 值"对的集合。在一个字典中，键必须是唯一的。集合中的每个元素都是唯一的。本章将对字典与集合的使用进行详细介绍。

9.1　字典

9.1.1　字典的创建和删除

在定义字典时，每个元素都包含"键"和"值"两个部分。以水果名称和价钱的字典为例，键为水果名称，值为水果价格，如图 9.1 所示。

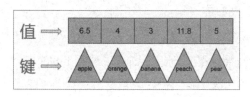

图 9.1　字典示意图

在创建字典时，在"键"和"值"之间使用冒号"："分隔，相邻两个元素之间使用逗号"，"分隔，所有元素放在一个大括号"{}"中，语法格式如下：

```
dictionary = {'key1':'value1', 'key2':'value2', …, 'key n':'value n',}
```

参数说明如下。

● dictionary：表示字典名称。

- key1、key2、…、key n：表示元素的键，必须是唯一的，并且不可变的，可以是字符串、数字或元组。
- value1、value2、…、value n：表示元素的值，可以是任何数据类型，不是必须唯一的。

例如，创建一个保存通讯录信息的字典，代码如下：

```
01  dictionary = {'qq':'84978981','mr':'84978982','无语':'0431-84978981'}
02  print(dictionary)
```

执行结果如下：

```
{'qq': '84978981', 'mr': '84978982', '无语': '0431-84978981'}
```

与列表和元组一样，在 Python 中也可以创建空字典，可以使用下面两种方法创建空字典。

```
dictionary = {}
```

或者

```
dictionary = dict()
```

Python 的 dict() 函数除了可以创建一个空字典，还可以通过已有数据快速创建字典。主要表现为以下两种形式。

1. 通过映射函数创建字典

语法格式如下：

```
dictionary = dict(zip(list1,list2))
```

参数说明如下。

- dictionary：表示字典名称。
- zip() 函数：用于将多个列表或元组对应位置的元素组合为元组，并返回包含这些内容的 zip 对象。如果想得到元组，则可以使用 tuple() 函数将 zip 对象转换为元组；如果想得到列表，则可以使用 list() 函数将其转换为列表。

📋 学习笔记

在 Python 2.x 中，zip() 函数返回的内容为包含元组的列表。

- list1：一个列表，用于指定要生成字典的键。
- list2：一个列表，用于指定要生成字典的值。
- 返回值：如果参数 list1 和 list2 指定的列表长度不同，则返回的字典长度与最短的列表长度相同。

例如，定义两个各包括 3 个元素的列表，使用 dict() 函数和 zip() 函数将前两个列表转换为对应的字典，并输出该字典，代码如下：

```
01  name = ['邓肯','吉诺比利','帕克']           # 作为键的列表
02  sign = ['石佛','妖刀','跑车']               # 作为值的列表
03  dictionary = dict(zip(name,sign))           # 转换为字典
04  print(dictionary)                           # 输出转换后的字典
```

执行上面的代码后，将显示如图 9.2 所示的结果。

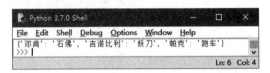

图 9.2　创建字典

2. 通过给定的"键－值"对创建字典

语法格式如下：

```
dictionary = dict(key1=value1,key2=value2,…,key n=value n)
```

参数说明如下。

- dictionary：表示字典名称。
- key1、key2、…、key n：表示元素的键，必须是唯一的，并且不可变，可以是字符串、数字或元组。
- value1、value2、…、value n：表示元素的值，可以是任何数据类型，不是必须唯一的。

例如，将球员名称和其别名通过"键－值"对的形式创建一个字典，代码如下：

```
01  dictionary =dict(邓肯 = '石佛', 吉诺比利 = '妖刀', 帕克 = '跑车')
02  print(dictionary)
```

在 Python 中，还可以使用 dict 对象的 fromkeys() 方法创建值为空的字典，语法格式如下：

```
dictionary = dict.fromkeys(list1)
```

参数说明如下。

- dictionary：表示字典名称。
- list1：作为字典的键的列表。

例如，创建一个只包括名字的字典，代码如下：

```
01  name_list = ['邓肯','吉诺比利','帕克']                    # 作为键的列表
02  dictionary = dict.fromkeys(name_list)
03  print(dictionary)
```

执行结果如下：

　　{'邓肯': None, '吉诺比利': None, '帕克': None }

另外，还可以通过已经存在的元组和列表创建字典。例如，创建一个保存名字的元组和保存别名的列表，通过它们创建一个字典，代码如下：

```
01  name_tuple = ('邓肯','吉诺比利', '帕克')                  # 作为键的元组
02  sign = ['石佛','妖刀','跑车']                            # 作为值的列表
03  dict1 = {name_tuple:sign}                              # 创建字典
04  print(dict1)
```

执行结果如下：

　　{('邓肯', '吉诺比利', '帕克'): ['石佛', '妖刀', '跑车']}

将作为键的元组修改为列表，再创建一个字典，代码如下：

```
01  name_list = ['邓肯','吉诺比利', '帕克' ]                  # 作为键的元组
02  sign = ['石佛','妖刀','跑车']                            # 作为值的列表
03  dict1 = {name_list:sign}                               # 创建字典
04  print(dict1)
```

执行结果如图 9.3 所示。

```
Traceback (most recent call last):
  File "E:\program\Python\Code\test.py", line 16, in <module>
    dict1 = {name_list:sign}        # 创建字典
TypeError: unhashable type: 'list'
>>>
```

图 9.3　将列表作为字典的键产生的异常

与列表和元组一样，不再需要的字典也可以使用 del 命令将其删除。例如，通过下面的代码可以将已经定义的字典删除。

```
01  del dictionary
```

另外，如果只是想删除字典的全部元素，可以使用字典对象的 clear() 方法实现。执行 clear() 方法后，原字典将变为空字典。下面的代码将清除字典的全部元素：

```
01  dictionary.clear()
```

除了上面介绍的方法可以删除字典元素，还可以使用字典对象的 pop() 方法删除并返回指定"键"的元素，以及使用字典对象的popitem()方法删除并返回字典中的一个元素。

微课视频

9.1.2 通过"键 – 值"对访问字典

在 Python 中，如果想将字典的内容输出也比较简单，可以直接使用 print() 函数。例如，想要打印 9.1.1 节中定义的 dictionary 字典，代码如下：

```
print(dictionary)
```

执行结果如下：

```
{'邓肯':'石佛','吉诺比利':'妖刀','帕克':'跑车'}
```

但是，在使用字典时，很少直接输出它的内容。一般需要根据指定的键得到相应的结果。在 Python 中，访问字典的元素可以通过下标的方式实现，与列表和元组不同，这里的下标不是索引号，而是键。例如，想要获取"吉诺比利"的别名，代码如下：

```
01  print(dictionary['吉诺比利'])
```

执行结果如下：

```
妖刀
```

在使用该方法获取指定键的值时，如果指定的键不存在，则会抛出如图 9.4 所示的异常。

```
Traceback (most recent call last):
  File "E:/program/Python/Code/demo.py", line 3, in <module>
    print(dictionary['冷伊'])
KeyError: '冷伊'
```

图 9.4　获取指定键不存在时抛出异常

而在实际开发程序中，很可能我们不知道当前存在什么键，所以需要避免该异常的产生。具体的解决方法是使用 if 语句对不存在的情况进行处理，即给一个默认值。例如，可以将上面的代码修改为以下内容：

```
01  print("罗宾逊的别名是：",dictionary['罗宾逊'] if '罗宾逊' in dictionary
02  else '我的字典里没有此人')
```

当"罗宾逊"不存在时，将显示以下内容：

```
罗宾逊的别名是：我的字典里没有此人
```

另外，Python 推荐的方法是使用字典对象的 get() 方法获取指定键的值，语法格式如下：

```
dictionary.get(key,[default])
```

其中，dictionary 为字典对象，即要从中获取值的字典；key 为指定的键；default 为可选项，用于指定当指定的"键"不存在时，返回一个默认值，如果省略 default，则返回 None。

例如，通过 get() 方法获取"吉诺比利"的别名，代码如下：

```
01  print("吉诺比利的别名是：",dictionary.get('吉诺比利'))
```

执行结果如下：

吉诺比利的别名是： 妖刀

为了解决在获取指定键的值时，因不存在该键而导致抛出异常，可以为 get() 方法设置默认值，这样当指定的键不存在时，得到的结果就是指定的默认值。例如，将上面的代码修改为以下内容：

```
01  print("罗宾逊的别名是：",dictionary.get('罗宾逊','我的字典里没有此人'))
```

当"罗宾逊"不存在时，将显示以下内容：

罗宾逊的别名是： 我的字典里没有此人

9.1.3 遍历字典

微课视频

字典是以"键－值"对的形式存储数据的，所以在使用字典时需要获取这些"键－值"对。Python 提供了遍历字典的方法，通过遍历可以获取字典中的全部"键－值"对。

使用字典对象的 items() 方法可以获取字典的"键－值"对列表，语法格式如下：

```
dictionary.items()
```

其中，dictionary 为字典对象；返回值为可遍历的"键－值"对的元组列表。想要获取具体的"键－值"对，可以通过 for 循环遍历该元组列表。

例如，定义一个字典，然后通过 items() 方法获取"键－值"对的元组列表，并输出全部"键－值"对，代码如下：

```
01  dictionary = {'qq':'84978981','明日科技':'84978982','无语':'0431-
02  84978981'}
03  for item in dictionary.items():
04      print(item)
```

执行结果如下：

('qq', '84978981')

```
(' 明日科技 ', '84978982')
(' 无语 ', '0431-84978981')
```

上面的示例得到的是元组中的各个元素，如果想要获取具体的每个键和值，可以使用下面的代码进行遍历：

```
01 dictionary = {'qq':'4006751066',' 明日科技 ':'0431-84978982',' 无语 ':'0431-
02 84978981'}
03 for key,value in dictionary.items():
04     print(key," 的联系电话是 ",value)
```

执行结果如下：

```
qq 的联系电话是 4006751066
明日科技  的联系电话是  0431-84978982
无语  的联系电话是  0431-84978981
```

📋 学习笔记

在 Python 中，字典对象还提供了 values() 方法和 keys() 方法，用于返回字典的值和键列表，它们的使用方法与 items() 方法类似，也需要通过 for 循环遍历该字典列表，获取对应的值和键。

9.1.4　添加、修改和删除字典元素

微课视频

由于字典是可变序列，所以可以随时在其中添加"键–值"对，这和列表类似。向字典中添加元素的语法格式如下：

```
dictionary[key] = value
```

参数说明如下。

- dictionary：表示字典名称。
- key：表示要添加元素的键，必须是唯一的，并且不可变，可以是字符串、数字或元组。
- value：表示元素的值，可以是任何数据类型，不是必须唯一的。

例如，以保存 3 位 NBA 球员别名的场景为例，在创建的字典中添加一个元素，并显示添加后的字典，代码如下：

```
01 dictionary =dict(((' 邓肯 ', ' 石佛 '),(' 吉诺比利 ',' 妖刀 '), (' 帕克 ',' 跑车 ')))
```

```
02  dictionary[" 罗宾逊 "] = " 海军上将 "       # 添加一个元素
03  print(dictionary)
```

执行结果如下：

> {'邓肯': '石佛', '吉诺比利': '妖刀', '帕克': '跑车', '罗宾逊': '海军上将'}

从上面的结果中可以看出，又添加了一个键为"罗宾逊"的元素。

由于在字典中"键"必须是唯一的，所以如果新添加元素的"键"与已经存在的"键"重复，那么将使用新的"值"替换原来该"键"的值，这也相当于修改字典的元素。例如，再添加一个"键"为"帕克"的元素，这次设置他为"法国跑车"，代码如下：

```
01  dictionary =dict((('邓肯', '石佛'),('吉诺比利','妖刀'), ('帕克','跑车')))
02  dictionary[" 帕克 "] = " 法国跑车 "# 添加一个元素
03  print(dictionary)
```

执行结果如下：

> {'邓肯': '石佛', '吉诺比利': '妖刀', '帕克': '法国跑车'}

从上面的结果中可以看出，并没有添加一个新的"键"——"帕克"，而是直接对"帕克"进行了修改。

当不需要字典中的某一个元素时，可以使用 del 命令将其删除。例如，要删除字典 dictionary 的键为"帕克"的元素，代码如下：

```
01  dictionary =dict((('邓肯', '石佛'),('吉诺比利','妖刀'), ('帕克','跑车')))
02  del dictionary[" 帕克 "]                    # 删除一个元素
03  print(dictionary)
```

执行结果如下：

> {'邓肯': '石佛', '吉诺比利': '妖刀'}

从上面的结果中可以看出，在字典 dictionary 中只剩下两个元素了。

📖 学习笔记

当删除一个不存在的键时，将会抛出如图 9.5 所示的异常。

```
Traceback (most recent call last):
  File "E:\program\Python\Code\test.py", line 7, in <module>
    del dictionary["香凝1"]    # 删除一个元素
KeyError: '香凝1'
>>>
```

图 9.5　删除一个不存在的键时抛出的异常

因此，需要将上面的代码修改为以下内容，从而防止删除不存在的元素时抛出异常：

```
01  dictionary =dict(((' 邓肯 ', ' 石佛 '),(' 吉诺比利 ',' 妖刀 '), (' 帕克 ',' 跑车 ')))
02  if " 帕克 " in dictionary:                    # 如果存在
03      del dictionary[" 帕克 "]                   # 删除一个元素
04  print(dictionary)
```

9.1.5　字典推导式

微课视频

使用字典推导式可以快速生成一个字典，它的表现形式和列表推导式类似。例如，我们可以使用下面的代码生成一个包含 4 个随机数的字典，其中字典的键使用数字表示：

```
01  import random                         # 导入 random 标准库
02  randomdict = {i:random.randint(10,100) for i in range(1,5)}
03  print(" 生成的字典为: ",randomdict)
```

执行结果如下：

生成的字典为:　{1: 21, 2: 85, 3: 11, 4: 65}

9.2　集合

Python 中的集合与数学中的集合概念类似，也是用于保存不重复元素的。它有可变集合（set）和不可变集合（frozenset）两种。其中，本节所要介绍的 set 集合是无序可变序列，而 frozenset 在本书中不做介绍。在形式上，集合的所有元素都放在一对大括号 "{}" 中，两个相邻元素之间使用逗号 "," 分隔。集合最好的应用就是去重，因为集合中的每个元素都是唯一的。

📖 学习笔记

在数学中，集合的定义是把一些能够确定的不同的对象看成一个整体，而这个整体就是由这些对象的全体构成的集合。集合通常用大括号 "{}" 或大写的拉丁字母表示。

集合最常用的操作就是创建集合，以及集合的添加、删除、交集、并集和差集等运算，下面分别进行介绍。

9.2.1 集合的创建

Python 提供了两种创建集合的方法：一种是直接使用大括号 "{}" 创建；另一种是通过 set() 函数将列表、元组等可迭代对象转换为集合。推荐使用第二种方法。下面分别介绍创建集合的方法。

1. 直接使用大括号 "{}" 创建集合

在 Python 中，创建 set 集合也可以像列表、元组和字典一样，直接将集合赋值给变量，从而实现创建集合，即直接使用大括号 "{}" 创建集合，语法格式如下：

```
setname = {element 1,element 2,element 3,…,element n}
```

其中，setname 表示集合的名称，可以是任何符合 Python 命名规则的标识符；element 1、element 2、element 3、element n 表示集合中的元素，元素个数没有限制，并且只要是 Python 支持的数据类型就可以。

📋 **学习笔记**

在创建集合时，如果输入了重复的元素，Python 会自动只保留一个。

例如，下面的每一行代码都可以创建一个集合：

```
01  set1 = {'石佛','妖刀','跑车'}
02  set2 = {3,1,4,1,5,9,2,6}
03  set3 = {'Python', 28, ('人生苦短', '我用 Python')}
```

上面的代码将创建以下集合：

```
{'石佛', '妖刀', '跑车'}
{1, 2, 3, 4, 5, 6, 9}
{'Python', ('人生苦短', '我用 Python'), 28}
```

📋 **学习笔记**

由于 Python 中的 set 集合是无序的，所以每次输出时元素的排列顺序可能与代码中元素的排列顺序不同，读者不必在意。

2. 使用 set() 函数创建集合

在 Python 中，可以使用 set() 函数将列表、元组等其他可迭代对象转换为集合。set()

函数的语法格式如下:

```
setname = set(iteration)
```

参数说明如下。

- setname:表示集合名称。
- iteration:表示要转换为集合的可迭代对象,可以是列表、元组、range 对象等。另外,也可以是字符串,如果是字符串,返回的集合将是包含全部不重复字符的集合。

例如,下面的每一行代码都可以创建一个集合:

```
01  set1 = set("命运给予我们的不是失望之酒,而是机会之杯。")
02  set2 = set([1.414,1.732,3.14159,2.236])
03  set3 = set(('人生苦短','我用 Python'))
```

上面的代码将创建以下集合:

```
{'不','的','望','是','给',',','我','。','酒','会','杯',
'运','们','予','而','失','机','命','之'}
{1.414, 2.236, 3.14159, 1.732}
{'人生苦短','我用 Python'}
```

从上面创建的集合结果中可以看出,在创建集合时,如果出现了重复元素,那么将只保留一个,如在第一个集合中的"是"和"之"都只保留了一个。

📋 学习笔记

在创建空集合时,只能使用 set() 函数实现,而不能使用一对大括号"{}"实现。这是因为在 Python 中,直接使用一对大括号"{}"表示创建一个空字典。

下面使用 set() 函数创建保存 NBA 球员位置信息的集合,代码如下:

```
01  pf = set(['邓肯','加内特','马龙'])        # 保存大前锋位置的球员名字
02  print('大前锋位置的球员有:',pf,'\n')      # 输出大前锋的球员名字
03  sf = set(['吉诺比利','科比','库里'])       # 保存后卫的球员名字
04  print('后卫位置的球员有:',sf)            # 输出后卫的球员名字
```

📋 学习笔记

在 Python 中,推荐使用 set() 函数创建集合。

9.2.2 集合的添加和删除

集合是可变序列，所以在创建集合后，还可以对其添加或删除元素，下面分别介绍集合的添加和删除。

1. 向集合中添加元素

向集合中添加元素可以使用 add() 方法实现，语法格式如下：

```
setname.add(element)
```

其中，setname 表示要添加元素的集合；element 表示要添加的元素内容。这里只能使用字符串、数字及布尔类型的 True 或 False 等，不能使用列表、元组等可迭代对象。

例如，定义一个保存明日科技零基础学系列图书名字的集合，然后向该集合中添加一个刚刚上市的图书名字，代码如下：

```
01 mr = set(['零基础学 Java','零基础学 Android','零基础学 C 语言','零基础学 C#',
02 '零基础学 PHP'])
03 mr.add('零基础学 Python')                      # 添加一个元素
04 print(mr)
```

执行上面的代码后，将输出以下内容：

```
    {'零基础学 PHP', '零基础学 Android', '零基础学 C#', '零基础学 C 语言', '零基础学 Python', '零基础学 Java'}
```

2. 从集合中删除元素

在 Python 中，可以使用 del 命令删除整个集合，也可以使用集合的 pop() 方法或 remove() 方法删除一个元素，或者使用集合对象的 clear() 方法清空集合，即删除集合中的全部元素，使其变为空集合。

例如，下面的代码将分别实现从集合中删除指定元素、删除一个元素和清空集合：

```
01 mr = set(['零基础学 Java','零基础学 Android','零基础学 C 语言','零基础学 C#',
02 '零基础学 PHP','零基础学 Python'])
03 mr.remove('零基础学 Python')                      # 移除指定元素
04 print('使用 remove() 方法移除指定元素后：',mr)
05 mr.pop()                                          # 移除一个元素
06 print('使用 pop() 方法移除一个元素后：',mr)
07 mr.clear()                                        # 清空集合
08 print('使用 clear() 方法清空集合后：',mr)
```

执行上面的代码后，将输出以下内容：

　　使用 remove() 方法移除指定元素后： {' 零基础学 Android', ' 零基础学 PHP', ' 零基础学 C 语言 ', ' 零基础学 Java', ' 零基础学 C#'}

　　使用 pop() 方法移除一个元素后： {' 零基础学 PHP', ' 零基础学 C 语言 ', ' 零基础学 Java', ' 零基础学 C#'}

　　使用 clear() 方法清空集合后： set()

学习笔记

在使用集合的 remove() 方法时，如果指定的内容不存在，则会抛出如图 9.6 所示的异常。所以在移除指定元素前，最好先判断其是否存在。要判断指定的内容是否存在，可以使用 in 关键字实现。例如，使用 "' 零语 'in c" 可以判断在 c 集合中是否存在 "零语"。

```
Traceback (most recent call last):
  File "E:\program\Python\Code\test.py", line 25, in <module>
    mr.remove(' 零基础学Python1')  # 移除指定元素
KeyError: ' 零基础学Python1'
>>>
```

图 9.6　从集合中移除的元素不存在时抛出异常

9.2.3　集合的交集、并集和差集运算

集合最常用的操作就是进行交集、并集和差集运算。当进行交集运算时使用"&"符号；当进行并集运算时使用"｜"符号；当进行差集运算时使用"-"符号。下面通过一个具体的示例演示如何对集合进行交集、并集和差集运算。

在 IDLE 中创建一个名称为 section_operate.py 的文件，然后在该文件中，定义两个包括 4 个元素的集合，再根据需要对两个集合进行交集、并集和差集运算，并输出运算结果，代码如下：

```
01  pf = set([' 邓肯 ',' 加内特 ',' 马龙 '])        # 保存大前锋位置的球员名字
02  print(' 大前锋位置的球员有：',pf,'\n')        # 输出大前锋的球员名字
03  cf = set([' 邓肯 ',' 奥尼尔 ',' 姚明 '])        # 保存中锋位置的球员名字
04  print(' 中锋位置的球员有：', cf,'\n')          # 输出中锋的球员名字
05  print(' 交集运算：', pf & cf)                  # 输出既是大前锋又是中锋的球员名字
06  print(' 并集运算：', pf | cf)                  # 输出大前锋和中锋的全部球员名字
07  print(' 差集运算：', pf - cf)                  # 输出是大前锋但不是中锋的球员名字
```

执行上面的代码后，将显示如图 9.7 所示的结果。

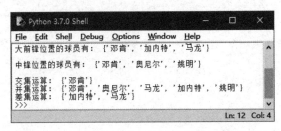

图 9.7　对球员集合进行交集、并集和差集运算

第 10 章　函　　数

函数是数学重要的一个模块，贯穿整个数学。在程序设计中，函数可以直接被另一段程序引用，程序员常将一些常用的程序功能编写成函数，以减少重复编写程序的工作量。有效掌握函数的使用，有助于提高程序员的编程水平。

10.1　函数的创建和调用

微课视频

在 Python 中，函数的应用非常广泛。前面我们已经多次接触过函数。例如，用于输出的 print() 函数、用于输入的 input() 函数，以及用于生成一系列整数的 range() 函数。这些都是 Python 内置的标准函数，可以直接使用。除了可以直接使用的标准函数，Python 还支持自定义函数，即通过将一段有规律的、重复的代码定义为函数，达到一次编写多次调用的目的。使用函数可以提高代码的重复利用率。

10.1.1　创建一个函数

创建函数也称为定义函数，可以理解为创建一个具有某种用途的工具。使用 def 关键字实现，语法格式如下：

```
def functionname([parameterlist]):
    ['''comments''']
    [functionbody]
```

参数说明如下。

● functionname：函数名称，在调用函数时使用。

● parameterlist：可选参数，用于指定向函数中传递的参数。如果有多个参数，则各参数之间使用逗号","分隔；如果不指定该参数，则表示该函数没有参数，在调用时，也不指定参数。

- **'"comments"'**：可选参数，为函数指定注释，注释的内容通常是说明该函数的功能、要传递的参数的作用等，可以为用户提供友好提示和帮助的内容。

📋 **学习笔记**

即使函数没有参数，也必须保留一对空的小括号"()"，否则会弹出如图 10.1 所示的"SyntaxError"（语法错误）对话框。

图 10.1　"SyntaxError"（语法错误）对话框

📋 **学习笔记**

在定义函数时，如果指定了 '"comments"' 参数，那么在调用函数时，输入函数名称及左侧的小括号后，就会显示该函数的帮助信息，如图 10.2 所示。这些帮助信息是定义函数时的内容。

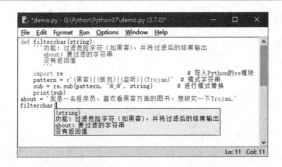

图 10.2　调用函数时显示帮助信息

- **functionbody**：可选参数，用于指定函数体，即该函数被调用后，要执行的功能代码。如果函数有返回值，则可以使用 return 语句返回。

📋 **学习笔记**

函数体"functionbody"和注释""comments""相对于 def 关键字必须保持一定的缩进。

例如，定义一个根据身高、体重计算 BMI 指数的函数 fun_bmi()，该函数包括 3 个参数，分别用于指定姓名、身高和体重，再根据公式 BMI= 体重 /(身高 × 身高) 计算 BMI 指数，并输出结果，代码如下：

```
01  def fun_bmi(person,height,weight):
02      '''功能：根据身高和体重计算 BMI 指数
03          person：姓名
04          height：身高，单位：米
05          weight：体重，单位：千克
06      '''
07      print(person + " 的身高：" + str(height) + " 米 \t 体重："+ str(weight)
08  + " 千克 ")
09      # 用于计算 BMI 指数，公式为 " 体重 / （身高 × 身高）"
10      bmi=weight/(height*height)
11      print(person + " 的 BMI 指数为："+str(bmi))        # 输出 BMI 指数
12      # 判断身材是否合理
13      if bmi<18.5:
14          print(" 您的体重过轻 ~@_@~")
15      if bmi>=18.5 and bmi<24.9:
16          print(" 正常范围，注意保持 (-_-)")
17      if bmi>=24.9 and bmi<29.9:
18          print(" 您的体重过重 ~@_@~")
19      if bmi>=29.9:
20          print(" 肥胖 ^@_@^")
```

执行上面的代码后，将不显示任何内容，也不会抛出异常，因为 fun_bmi() 函数还没有被调用。

10.1.2　调用函数

调用函数也就是执行函数。如果把创建的函数理解为创建一个具有某种用途的工具，那么调用函数就相当于使用该工具。调用函数的语法格式如下：

```
functionname([parametersvalue])
```

参数说明如下。

● functionname：函数名称，要调用的函数名称，必须是已经创建好的。

● parametersvalue：可选参数，用于指定各个参数的值。如果需要传递多个参数值，则各参数值之间使用逗号 "," 分隔；如果该函数没有参数，则直接写一对小括号 "()" 即可。

例如，调用在 10.1.1 节创建的 fun_bmi() 函数，代码如下：

```
01  fun_bmi("匿名",1.76,50)          # 计算匿名的 BMI 指数
```

在调用 fun_bmi() 函数后，将显示如图 10.3 所示的结果。

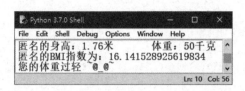

图 10.3　调用 fun_bmi() 函数后的结果

10.1.3　pass 空语句

在 Python 中有一个 pass 语句，表示空语句，它不做任何事情，一般起到占位作用。例如，创建一个函数，但我们暂时不知道该函数要实现什么功能，这时就可以使用 pass 语句填充函数的主体，表示"以后会填上"，示例代码如下：

```
01  def func():
02      # pass                          # 占位符，不做任何事情
```

📋 **学习笔记**

在 Python 3.x 版本中，允许在可以使用表达式的任何地方使用…（3 个连续的点号）来省略代码，由于省略号表示什么都不做，因此其可以当作 pass 语句的一种替代方案。例如，上面的示例代码可以用下面的代码代替：

```
01  def func():
02      ...
```

10.2　参数传递

在调用函数时，大多数情况下，主调函数和被调函数之间有数据传递关系，这是有参数的函数形式。函数参数的作用是传递数据给函数使用，函数利用接收的数据进行具体的操作。

在定义函数时，函数参数放在函数名称后面的一对小括号"()"中，如图 10.4 所示。

图 10.4　函数参数

微课视频

10.2.1　了解形式参数和实际参数

在使用函数时，经常会用到形式参数（形参）和实际参数（实参）。两者都叫作参数，但它们之间有所区别。下面先通过形式参数与实际参数的作用，再通过一个比喻来理解它们之间的区别。

1.　通过作用理解

形式参数和实际参数在作用上的区别如下。

- 形式参数：在定义函数时，函数名称后面括号中的参数为"形式参数"，也称为"形参"。

- 实际参数：在调用一个函数时，函数名称后面括号中的参数为"实际参数"。也就是将函数的调用者提供给函数的参数称为"实际参数"，也称为"实参"。

- 通过图 10.5 可以更好地理解形式参数与实际参数在作用上的区别。

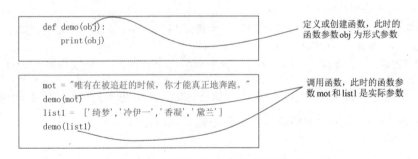

图 10.5　形式参数与实际参数在作用上的区别

根据实参的类型不同，可以分为将实参的值传递给形参和将实参的引用传递给形参两种情况。当实参为不可变对象时，进行的是值传递；当实参为可变对象时，进行的是引用传递。实际上，值传递和引用传递的基本区别是进行值传递后，改变形参的值，实参的值不变；而进行引用传递后，改变形参的值，实参的值也一同改变。

例如，定义一个名称为 demo 的函数，然后为 demo() 函数传递一个字符串类型的变量作为参数（表示值传递），并在函数调用前后分别输出该字符串变量；接着为 demo() 函数传递一个列表类型的变量作为参数（表示引用传递），并在函数调用前后分别输出该列表，代码如下：

```
01  # 定义函数
02  def demo(obj):
03      print(" 原值: ",obj)
04      obj += obj
05  # 调用函数
06  print("========= 值传递 =========")
07  mot = " 唯有在被追赶的时候，你才能真正地奔跑。"
08  print(" 函数调用前: ",mot)
09  demo(mot)                          # 采用不可变对象——字符串
10  print(" 函数调用后: ",mot)
11  print("========= 引用传递 =========")
12  list1 =   [' 邓肯 ',' 吉诺比利 ',' 帕克 ']
13  print(" 函数调用前: ",list1)
14  demo(list1)                        # 采用可变对象——列表
15  print(" 函数调用后: ",list1)
```

上面代码的执行结果如下：

```
========= 值传递 =========
函数调用前:  唯有在被追赶的时候，你才能真正地奔跑。
原值:  唯有在被追赶的时候，你才能真正地奔跑。
函数调用后:  唯有在被追赶的时候，你才能真正地奔跑。
========= 引用传递 =========
函数调用前:  [' 邓肯 ', ' 吉诺比利 ', ' 帕克 ']
原值:  [' 邓肯 ', ' 吉诺比利 ', ' 帕克 ']
函数调用后:  [' 邓肯 ', ' 吉诺比利 ', ' 帕克 ', ' 邓肯 ', ' 吉诺比利 ', ' 帕克 ']
```

从上面的执行结果中可以看出，在进行值传递时，改变形参的值后，实参的值不改变；在进行引用传递时，改变形参的值后，实参的值会发生改变。

2. 通过一个比喻理解

函数定义时参数列表中的参数就是形参，而函数调用时传递进来的参数就是实参，就像剧本选主角一样，剧本的角色相当于形参，而扮演角色的演员就相当于实参。

10.2.2 位置参数

微课视频

位置参数也称为必备参数，必须按照正确的顺序传到函数中，即调用时的数量和位置必须和定义时是一样的。下面分别进行介绍。

1. 数量必须与定义时一致

在调用函数时，指定的实参数量必须与形参数量一致，否则抛出 TypeError 异常，提示缺少必要的位置参数。

例如，定义了一个函数 fun_bmi(person,height,weight)，在该函数中有 3 个参数，但是在调用时，只传递两个参数，代码如下：

```
01  fun_bmi(" 路人甲 ",1.83)                   # 计算路人甲的 BMI 指数
```

执行上面的代码后，将显示如图 10.6 所示的异常信息。

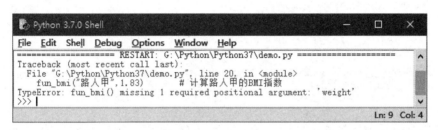

图 10.6　缺少必要的参数时抛出的异常

从如图 10.6 所示的异常信息中可以看出，抛出的异常类型为 TypeError，具体的意思是 "fun_bmi() 函数缺少一个必要的位置参数 weight"。

2. 位置必须与定义时一致

在调用函数时，指定的实参位置必须与形参位置一致，否则会产生结果与预期不符的问题。

在调用函数时，如果指定的实参与形参的位置不一致，但是它们的数据类型一致，那么就不会抛出异常，而是产生结果与预期不符的问题。

例如，调用 fun_bmi(person,height,weight) 函数，将第 2 个参数和第 3 个参数的位置调换，代码如下：

```
01  fun_bmi(" 路人甲 ",60,1.83)                   # 计算路人甲的 BMI 指数
```

调用函数后，将显示结果。从如图 10.7 所示的结果中可以看出，虽然没有抛出异常，但是得到的结果与预期的不符。

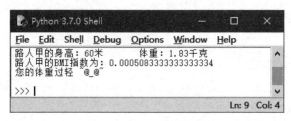

图 10.7　结果与预期不符

学习笔记

　　由于在调用函数，传递的实参位置与形参位置不一致时，并不会总是抛出异常，所以在调用函数时一定要确定好实参与形参的位置，否则容易产生 Bug，而且不容易被发现。

微课视频

10.2.3　关键字参数

　　关键字参数是指使用形参的名字来确定输入的参数值。当使用该方式指定实参时，不再需要与形参的位置完全一致，只要将参数名写正确即可。这样可以避免用户需要牢记参数位置的麻烦，使得函数调用和参数传递更加灵活方便。

　　例如，调用 fun_bmi(person,height,weight) 函数，通过关键字参数指定各个实际参数，代码如下：

```
01  # 计算路人甲的 BMI 指数
02  fun_bmi( height = 1.83, weight = 60, person = "路人甲")
```

　　调用函数后，将显示以下结果：

　　　　路人甲的身高：1.83 米　　　体重：60 千克
　　　　路人甲的 BMI 指数为：17.916330735465376
　　　　您的体重过轻　~@_@~

　　从上面的结果中可以看出，虽然在指定实参时，顺序与定义函数时不一致，但是其运行结果与预期是相符的。

微课视频

10.2.4　为参数设置默认值

　　在调用函数时，如果没有指定某个参数，则系统会抛出异常，即在定义函数时，直接指定形参的默认值。这样，当没有传入参数时，直接使用定义函数时设置的默认值即可。定义带有默认值参数的函数的语法格式如下：

```
def functionname(…,[parameter1 = defaultvalue1]):
    [functionbody]
```

参数说明如下。

● functionname：函数名称，在调用函数时使用。

● parameter1：可选参数，用于指定向函数中传递的参数，并为该参数设置默认值defaultvalue1。

● functionbody：可选参数，用于指定函数体，即该函数被调用后，要执行的功能代码。

学习笔记

● 在定义函数时，必须指定默认的形参在所有参数的最后，否则会产生语法错误。

● 在 Python 中，可以使用 "函数名 ._defaults_" 查看函数的默认值参数的当前值，其结果是一个元组。例如，显示上面定义的 fun_bmi() 函数的默认值参数的当前值，可以使用 "fun_bmi._defaults_"，结果为 "(' 路人甲 ',)"。

另外，在使用可变对象作为函数参数的默认值时，多次调用它可能会出现意料之外的情况。例如，编写一个名称为 demo() 的函数，并为其设置一个带默认值的参数，代码如下：

```
01  def demo(obj=[]):                    # 定义函数并为参数 obj 指定默认值
02      print("obj 的值: ",obj)
03      obj.append(1)
```

调用 demo() 函数，代码如下：

```
01  demo()                              # 调用函数
```

将显示以下结果：

```
obj 的值:  []
```

连续两次调用 demo() 函数，并且都不指定实际参数，代码如下：

```
01  demo()                              # 调用函数
02  demo()                              # 调用函数
```

将显示以下结果：

```
obj 的值： []
obj 的值： [1]
```

显然，上面的结果并不是我们想要的。为了防止出现这种情况，最好使用 None 作为可变对象的默认值，这时还需要进行代码的检查，修改后的代码如下：

```
01  def demo(obj=None):                  # 定义一个函数
02      if obj==None:                    # 判断是否为空
03          obj = []
04      print("obj 的值: ",obj)           # 输出 obj 的值
05      obj.append(1)                    # 连续调用并输出
```

这时连续两次调用 demo() 函数，将显示以下结果：

```
obj 的值： []
obj 的值： []
```

学习笔记

在定义函数时，为形参设置默认值要牢记一点，默认参数必须指向不可变对象。

10.2.5 可变参数

微课视频

在 Python 中，用户可以定义可变参数。可变参数也称为不定长参数，即传入函数中的实际参数可以是 0 个、1 个、2 个或任意个。

在定义可变参数时，主要有两种形式：一种是"*parameter"，另一种是"**parameter"。下面分别进行介绍。

1. *parameter

*parameter 形式表示接收任意个实际参数并将其存储到一个元组中。例如，定义一个函数，让其可以接收任意个实际参数，代码如下：

```
01  def printplayer(*name):              # 定义输出我喜欢的 NBA 球员的函数
02      print('\n 我喜欢的 NBA 球员有: ')
03      for item in name:
04          print(item)                  # 输出球员的名字
```

调用 3 次 printplayer() 函数，分别指定不同个数的实际参数，代码如下：

```
01  printplayer(' 邓肯 ')
02  printplayer(' 邓肯 ', ' 乔丹 ', ' 吉诺比利 ', ' 帕克 ')
03  printplayer(' 邓肯 ', ' 罗宾逊 ', ' 卡特 ', ' 鲍文 ')
```

执行结果如图 10.8 所示。

图 10.8　让函数具有可变参数

如果想要使用一个已经存在的列表作为函数的可变参数，则可以在列表的名称前添加
"*"。例如：

```
01  param = [' 邓肯 ', ' 吉诺比利 ', ' 帕克 ']   # 定义一个列表
02  printplayer(*param)                          # 通过列表指定函数的可变参数
```

通过上面的代码调用 printplayer() 函数后，将显示以下结果：

我喜欢的球员有：
邓肯
吉诺比利
帕克

2. **parameter

**parameter 形式表示接收任意个显式赋值的实际参数，并将其存储到一个字典中。
例如，定义一个函数，使其可以接收任意个显式赋值的实际参数，代码如下：

```
01  def printsign(**sign):                          # 定义输出姓名和别名的函数
02      print()                                     # 输出一个空行
03      for key, value in sign.items():             # 遍历字典
04          print("[" + key + "] 的别名是: " + value)  # 输出组合后的信息
```

调用 2 次 printsign() 函数，代码如下：

```
01  printsign( 邓肯 =' 石佛 ', 罗宾逊 =' 海军上将 ')
```

```
02 printsign(吉诺比利='妖刀', 帕克='跑车', 鲍文='鲍三叔')
```

执行结果如下：

```
[邓肯] 的别名是：石佛
[罗宾逊] 的别名是：海军上将

[吉诺比利] 的别名是：妖刀
[帕克] 的别名是：跑车
[鲍文] 的别名是：鲍三叔
```

10.3 返回值

微课视频

到目前为止，我们创建的函数都只是为自己做一些事，做完了就结束。但实际上，有时还需要对事情的结果进行获取。这类似于主管向下级职员下达命令，职员去做，最后需要将结果报告给主管。为函数设置返回值的作用是将函数的处理结果返回给调用它的程序。

在 Python 中，用户可以在函数体内使用 return 语句为函数指定返回值。该返回值可以是任意类型，并且无论 return 语句出现在函数的什么位置，只要得到执行，就会直接结束函数的执行。

return 语句的语法格式如下：

```
result = return [value]
```

参数说明如下。

- result：用于保存函数返回结果。如果返回一个值，那么 result 中保存的就是返回的那个值，该值可以是任意类型；如果返回多个值，那么 result 中保存的是一个元组。
- value：可选参数，用于指定要返回的值，可以返回一个值，也可以返回多个值。

📋 学习笔记

当函数中没有 return 语句时，或者省略了 return 语句的参数时，将返回 None。

例如，定义一个函数，根据用户输入的球员名字，获取其别名，然后在函数体外调用该函数，并获取返回值，代码如下：

```
01 def fun_checkout(name):
```

```
02      nickName=""
03      if  name == " 邓肯 ":                    # 如果输入的是邓肯
04          nickName = " 石佛 "
05      elif name == " 吉诺比利 ":               # 如果输入的是吉诺比利
06          nickName = " 妖刀 "
07      elif name == " 罗宾逊 ":                 # 如果输入的是罗宾逊
08          nickName = " 海军上将 "
09      else:
10          nickName = " 无法找到您输入的信息 "
11      return nickName                        # 返回球员对应的别名
12  # ****************************** 调用函数 ******************************#
13  while True:
14      name= input(" 请输入 NBA 球员名字：")             # 接收用户输入
15      nickname= fun_checkout(name)        # 调用函数
16      # 显示球员及对应的别名
17      print(" 球员: ", name, " 别名: ", nickname)
```

执行结果如图 10.9 所示。

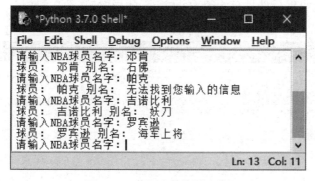

图 10.9　获取函数的返回值

10.4　变量的作用域

微课视频

变量的作用域是指程序代码能够访问该变量的区域，如果超出该区域，则再访问时就会出现错误。在程序中，一般会根据变量的"有效范围"，将变量分为"局部变量"和"全局变量"。

10.4.1　局部变量

局部变量是指在函数内部定义并使用的变量，它只在函数内部有效，即函数内部的名字只在函数运行时才会创建，在函数运行之前或运行完毕之后，所有的名字就都不存在了。所以，如果在函数外部使用函数内部定义的变量，则会抛出 NameError 异常。

例如，定义一个名称为 **f_demo()** 的函数，在该函数内部定义一个变量 message（称为局部变量），并为其赋值，然后输出该变量的值，在函数外部再次输出 message 变量的值，代码如下：

```
01  def f_demo():
02      message = '唯有在被追赶的时候，你才能真正地奔跑。'
03      print('局部变量message =',message)          # 输出局部变量的值
04  f_demo()                                        # 调用函数
05  print('局部变量message =',message)              # 在函数外部输出局部变量的值
```

执行上面的代码后，将显示如图 10.10 所示的异常。

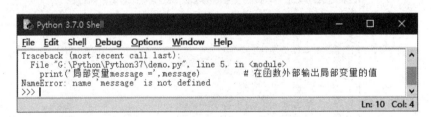

图 10.10　抛出 NameError 异常

10.4.2　全局变量

与局部变量相对应，全局变量是能够作用于函数内外的变量。全局变量主要有以下两种情况。

（1）如果在函数外部定义一个变量，那么不仅可以在函数外访问到，在函数内也可以访问到。在函数外部定义的变量是全局变量。

例如，定义一个全局变量 message，再定义一个函数，在该函数内输出全局变量 message 的值，代码如下：

```
01  message = '唯有在被追赶的时候，你才能真正地奔跑。'          # 全局变量
```

```
02  def f_demo():
03          # 在函数内输出全局变量的值
04          print('函数内：全局变量 message =',message)
05  f_demo()                                                    # 调用函数
06  # 在函数外输出全局变量的值
07  print('函数外：全局变量 message =',message)
```

执行上面的代码后，将显示以下内容：

> 函数内：全局变量 message = 唯有在被追赶的时候，你才能真正地奔跑。
> 函数外：全局变量 message = 唯有在被追赶的时候，你才能真正地奔跑。

📖 学习笔记

当局部变量与全局变量重名时，对函数内部的变量进行赋值后，不影响函数外部的变量。

（2）在函数内部定义变量，并使用 global 关键字修饰后，该变量也可以变为全局变量。在函数外部也可以访问该变量，并且在函数内部还可以对其进行修改。

例如，定义两个同名的全局变量和局部变量，并输出它们的值，代码如下：

```
01  message = '唯有在被追赶的时候，你才能真正地奔跑。'                   # 全局变量
02  print('函数外：message =',message)        # 在函数外输出全局变量的值
03  def f_demo():
04          message = '命运给予我们的不是失望之酒，而是机会之杯。'         # 局部变量
05          print('函数内：message =',message)# 在函数内输出局部变量的值
06  f_demo()                                                    # 调用函数
07  print('函数外：message =',message)         # 在函数外输出全局变量的值
```

执行上面的代码后，将显示以下内容：

> 函数外：message = 唯有在被追赶的时候，你才能真正地奔跑。
> 函数内：message = 命运给予我们的不是失望之酒，而是机会之杯。
> 函数外：message = 唯有在被追赶的时候，你才能真正地奔跑。

从上面的结果中可以看出，在函数内部定义的变量即使与全局变量重名，也不会影响全局变量的值。如果想要在函数内部改变全局变量的值，则需要在定义局部变量时，使用 global 关键字进行修饰。例如，将上面的代码修改为以下内容：

```
01  message = '唯有在被追赶的时候，你才能真正地奔跑。'                   # 全局变量
02  print('函数外：message =',message)           # 在函数体输出全局变量的值
03  def f_demo():
04          global message                        # 将 message 声明为全局变量
05          message = '命运给予我们的不是失望之酒，而是机会之杯。'          # 全局变量
06          print('函数内：message =',message)# 在函数内输出全局变量的值
```

```
07  f_demo()                                                          # 调用函数
08  print(' 函数外: message =',message)         # 在函数外输出全局变量的值
```

执行上面的代码后，将显示以下内容：

  函数外：message = 唯有在被追赶的时候，你才能真正地奔跑。
  函数内：message = 命运给予我们的不是失望之酒，而是机会之杯。
  函数外：message = 命运给予我们的不是失望之酒，而是机会之杯。

从上面的结果中可以看出，在函数内部修改了全局变量的值。

学习笔记

> 尽管 Python 允许全局变量和局部变量重名，但是在实际开发程序时，笔者不建议这么做，因为这么做容易使代码产生混乱，很难分清哪些是全局变量，哪些是局部变量。

第 11 章　Python 内置函数

Python 内置了一系列的常用函数，通过这些内置函数，开发人员可以很方便地进行数据类型转换、数学运算、逻辑操作、集合操作、基本 I/O 操作等。为了便于读者查阅和使用，本章将分类对这些内置函数进行说明。表 11.1 显示了 Python3 中基本常用的内置函数及其说明。

表 11.1　Python3 中基本常用的内置函数及其说明

函　　数	说　　明
help()	查看对象的帮助信息（使用说明）
print()	用于打印输出
input()	根据输入内容返回所输入的字符串类型
format()	格式化显示
len()	返回对象的长度或项目个数
slice()	通过指定的切片位置和间隔构造一个切片对象

11.1　基本常用函数

本节主要介绍几种基本常用的函数。

11.1.1　help() 函数——查看对象的帮助信息

help() 函数用于查看对象的帮助信息，help() 函数的语法格式如下：

```
help([object])
```

参数说明如下。

- object：可选参数，要查看其帮助信息的对象，如类、函数、模块、数据类型等。

- 返回值：返回对象的帮助信息。

示例：利用 help() 函数查看 input() 函数的帮助信息，代码如下。

```
01  help(input)      # 查看 input() 函数的帮助信息
```

程序的运行结果为：

```
Help on built-in function input in module builtins:

input(prompt=None, /)
    Read a string from standard input.  The trailing newline is stripped.

    The prompt string, if given, is printed to standard output without a
    trailing newline before reading input.

    If the user hits EOF (*nix: Ctrl-D, Windows: Ctrl-Z+Return), raise EOFError.
    On *nix systems, readline is used if available.
```

示例：使用 help() 函数查看 Python 中所有的关键字，代码如下。

```
01  help("keywords")            # 查看 Python 中所有的关键字
```

程序的运行结果为：

```
Here is a list of the Python keywords.  Enter any keyword to get more
help.

False               class               from                or
None                continue            global              pass
True                def                 if                  raise
and                 del                 import              return
as                  elif                in                  try
assert              else                is                  while
async               except              lambda              with
await               finally             nonlocal            yield
break               for                 not
```

示例：使用 help() 函数启动帮助系统，查看对象的帮助信息，代码如下。

```
01  help()          # 不传入参数
```

程序的运行结果如图 11.1 所示。

学习笔记

如果 help() 函数不传入参数，则会在解释器控制台上启动帮助系统，如图 11.1 所示；在帮助系统内部输入模块名、类名、函数名、关键字等，会在控制台上显示其使用说明，输入 quit，将退出帮助系统。

```
Welcome to Python 3.7's help utility!

If this is your first time using Python, you should definitely check out
the tutorial on the Internet at https://docs.python.org/3.7/tutorial/.

Enter the name of any module, keyword, or topic to get help on writing
Python programs and using Python modules.  To quit this help utility and
return to the interpreter, just type "quit".

To get a list of available modules, keywords, symbols, or topics, type
"modules", "keywords", "symbols", or "topics".  Each module also comes
with a one-line summary of what it does; to list the modules whose name
or summary contain a given string such as "spam", type "modules spam".

help> keywords
```

图 11.1　启动帮助系统

学习笔记

在 help> 后输入 keywords，Python 中的所有关键字将会显示在控制台上。

示例：查看 os 模块的帮助信息，代码如下。

```
01  help('os')   # 查看 os 模块的帮助信息
```

程序的运行结果为：

```
Help on module os:

NAME
    os - OS routines for NT or Posix depending on what system we're on.

DESCRIPTION
    This exports:
      - all functions from posix or nt, e.g. unlink, stat, etc.
      - os.path is either posixpath or ntpath
      - os.name is either 'posix' or 'nt'
    ……
```

11.1.2　format() 函数——格式化显示

format() 函数用于将一个数值进行格式化显示，format() 函数的语法格式如下：

```
format(value[, format_spec])
```

参数说明如下。

- value：要格式化的值。
- format_spec：格式字符串。format_spec 参数包含了如何呈现值的规范，如对齐方式、字段宽度、填充字符、小数精度等详细信息。

如果 format() 函数未提供 format_spec 参数，则等同于函数 str(value) 的形式，format() 函数会把提供的参数转换成字符串格式，代码如下：

```
01  print(format('Time and tide wait for no man.'))print(str('Time and tide
02  wait for no man.'))
```

程序的运行结果为：

```
Time and tide wait for no man.
Time and tide wait for no man.
```

学习笔记

对于不同类型的值，format_spec 参数可提供的值也不一样。

format_spec 参数的语法格式如下：

```
[[fill]align][sign][#][0][width][,][.precision][type]
```

参数说明如下。

- fill：可选参数，用于指定空白处填充的字符，默认为空格。
- align：可选参数，用于指定对齐方式，需要配合 width 一起使用。
  - »"<"：表示强制内容左对齐。
  - »">"：表示强制内容右对齐。
  - »"^"：表示强制内容居中。
  - »"="：表示强制内容右对齐，此选项仅对数字有效。

学习笔记

除数字默认为右对齐外，大多数对象默认为左对齐。

- sign：可选参数，用于指定是否有符号。

  » "+"：表示正数前添加正号，负数前添加负号。

  » "–"：表示正数不变，负数前添加负号。

  » 空格：表示正数前添加空格，负数前添加负号。

- #：可选参数，对于二进制数、八进制数和十六进制数来说，如果添加 #，则会显示 0b/0o/0x 前缀，否则不显示前缀。

- width：可选参数，用于指定所占宽度，表示总共输出多少位数字。

- ","：可选参数，为数字添加千位分隔符，如 852,001,000。

- .precision：可选参数，用于指定保留的小数位数。

- type：可选参数，用于指定格式化类型。

format() 函数中常用的格式化字符及其说明如表 11.2 所示。

表 11.2　format() 函数中常用的格式化字符及其说明

格式化字符	说　　明	参数类型
s	对字符串类型进行格式化	字符串类型
c	将十进制整数自动转换成对应的 Unicode 字符	整型
b	将十进制整数自动转换成二进制数表示再格式化	
o	将十进制整数自动转换成八进制数表示再格式化	
d	十进制整数	
x	将十进制整数自动转换成十六进制数表示再格式化（以 0x 开头）	整型
X	将十进制整数自动转换成十六进制数表示再格式化（以 0X 开头）	
f	转换为浮点数（默认小数点后保留 6 位）再格式化，且会四舍五入	浮点型
F	转换为浮点数（默认小数点后保留 6 位）再格式化，且会四舍五入	
e	转换为科学记数法（小写 e）表示再格式化	整型或浮点型
E	转换为科学记数法（大写 E）表示再格式化	
g	自动在 e 和 f 之间切换，即自动调整，将整数、浮点数转换成浮点型或科学记数法表示（超过 6 位数用科学记数法表示），并将其格式化到指定位置（如果是科学记数法，则是 e）	
G	自动在 E 和 F 之间切换，即自动调整，将整数、浮点数转换成浮点型或科学记数法表示（超过 6 位数用科学记数法表示），并将其格式化到指定位置（如果是科学记数法则是 E）	
%	显示百分比（默认显示小数点后 6 位）	

示例：通过 format() 函数格式化实现对齐与填充等操作，代码如下。

```
01  print(format(521,'20'))            # 数字类型，默认为右对齐，宽度为 20
02  print(format('mrsoft','20'))       # 字符串类型，默认为左对齐，宽度为 20
03  print(format('mrsoft','>20'))      # 右对齐，宽度为 20
04  print(format(521,'0=20'))          # 右对齐，宽度为 20，用 0 补充，仅对数字有效
05  print(format('mrsoft','^20'))      # 居中对齐，宽度为 20
06  print(format('mrsoft','<20'))      # 左对齐，宽度为 20
07  print(format('明日科技','*>30'))    # 右对齐，宽度为 30，用 * 补充
08  print(format('明日科技','-^30'))    # 居中对齐，宽度为 30，用 – 补充
09  print(format('明日科技','#<30'))    # 左对齐，宽度为 30，用 # 补充
```

程序的运行结果如图 11.2 所示。

```
                       521
mrsoft
                    mrsoft
00000000000000000521
            mrsoft
mrsoft
**************************明日科技
-------------明日科技-------------
明日科技###########################
```

图 11.2　程序的运行结果

📋 学习笔记

如果指定要填充的字符，则只能填充一个字符；如果不指定字符，则默认用空格填充。

示例：通过 format() 函数指定是否输出符号，代码如下。

```
01  print(format(7.891,'+.2f'))        # 值为 "+"，正数前添加正号
02  print(format(-7.891,'+.2f'))       # 值为 "+"，负数前添加负号
03  print(format(7.891,'-.2f'))        # 值为 "–"，正数不变
04  print(format(-7.891,'-.2f'))       # 值为 "–"，负数前添加负号
05  print(format(7.891,' .2f'))        # 值为空格，正数前添加空格
06  print(format(-7.891,' .2f'))       # 值为空格，负数前添加负号
```

程序的运行结果为：

```
+7.89
-7.89
7.89
-7.89
 7.89
-7.89
```

示例：通过 format() 函数保留小数位数，代码如下。

```
01  # 保留小数位数，且会四舍五入
02  print(format(6.6821157112,'f'))        # 默认保留小数点后 6 位
03  print(format(6.6821157112,'F'))
04  print(format(1.74159,'.0f'))           # 不带小数
05  print(format(3.14159,'.0f'))
06  print(format(3.14159,'.1f'))           # 保留小数点后 1 位
07  print(format(3.55481,'.3f'))           # 保留小数点后 3 位
08  print(format(3.14159,'.10f'))          # 保留小数点后 10 位，如果位数不足，则用 0 补充
```

程序的运行结果为：

```
6.682116
6.682116
2
3
3.1
3.555
3.1415900000
```

示例：通过 format() 函数进行进制转换，代码如下。

```
01  print(format(20,'b'))     # 转换成二进制数
02  print(format(20,'o'))     # 转换成八进制数
03  print(format(20,'d'))     # 转换成十进制数
04  print(format(20,'x'))     # 转换成十六进制数
05  print(format(20,'X'))     # 转换成十六进制数
06  print(format(20,'#x'))    # 显示 0x 前缀
07  print(format(20,'#X'))    # 显示 0X 前缀
08  print(format(20,'#b'))    # 显示 0b 前缀
```

程序的运行结果为：

```
10100
24
20
14
14
0x14
0X14
0b10100
```

示例：通过 format() 函数对数值进行格式化，以不同的形式输出，代码如下。

```
01  print(format(0.45,'%'))       # 显示百分比（默认显示小数点后 6 位）
02  print(format(0.511,'.2%'))    # 显示百分比，且保留小数点后 2 位
```

```
03  print(format(52001000,','))              # 用逗号分隔千分位
04  print(format(1522581.1121,','))          # 用逗号分隔千分位
05  print(format(80000,'.2e'))               # 指数方法
06  print(format(0.521,'.2e'))               # 指数方法
07  print(format(0.91,'G'))                  # 自动调整，将整数、浮点数转换成浮点型
08  print(format(4511111111,'g'))            # 超过 6 位数用科学记数法
```

程序的运行结果为：

```
45.000000%
51.10%
52,001,000
1,522,581.1121
8.00e+04
5.21e-01
0.91
4.51111e+09
```

11.1.3 len() 函数——返回对象的长度或项目个数

len() 函数用于返回一个对象的长度或项目个数。len() 函数的语法格式如下：

```
len(s)
```

参数说明如下。

- s：要获取其长度或项目个数的对象，如字符串、元组、列表、字典等。

- 返回值：对象的长度或项目个数。

示例：定义一个字符串，使用 len() 函数获取其长度，代码如下。

```
01  # 定义字符串
02  str = '莫轻言放弃！'
03  print('字符串的长度为:',len(str))         # 获取字符串长度
```

程序的运行结果为：

```
字符串的长度为：6
```

示例：定义一个存储球员名字的列表，使用 len() 函数获取列表中存储的球员的个数，代码如下。

```
01  player = ['库里','杜兰特','詹姆斯','哈登','威少']     # 定义一个列表
02  print('共有',len(player),'名球员')                   # 获取列表元素个数
```

程序的运行结果为：

共有 5 名球员

示例：使用 dict() 函数创建一个字典，存储马刺 GDP 组合的别名及名字，使用 len() 函数获取该字典的元素个数，代码如下。

```
01  # 使用dict()函数创建一个字典
02  dictionary =dict((('邓肯','石佛'),('吉诺比利','妖刀'), ('帕克','跑车')))
03  print('字典: ',dictionary)                           # 输出字典
04  print('字典中的元素个数为: ',len(dictionary))          # 获取字典中的元素个数
```

程序的运行结果为：

字典: {'邓肯':'石佛','吉诺比利':'妖刀','帕克':'跑车'}
字典中的元素个数为: 3

11.2　数据类型转换函数

通过 Python 内置的数据类型转换函数可以把某个值从一种数据类型转换成另一种数据类型。常用的数据类型转换函数及其说明如表 11.3 所示。

表 11.3　常用的数据类型转换函数及其说明

函　　数	说　　明
int()	将数字或字符串转换为整数
float()	将整数或字符串转换为浮点数
chr()	将整数转换为对应的 Unicode 字符
ord()	将 Unicode 字符转换为对应的整数
str()	将对象转换为适合人阅读的字符串格式
repr()	将对象转换为可供 Python 解释器读取的字符串格式
bool()	将给定的参数转换为布尔类型
bin()	将整数转换为二进制字符串
oct()	将整数转换为八进制字符串
hex()	将整数转换为十六进制字符串
complex()	将指定的参数转换为复数形式
list()	将序列转换为列表
tuple()	将序列转换为元组

11.2.1　repr() 函数——将对象转换为可供 Python 解释器读取的字符串格式

repr() 函数用于将一个对象转换为可供 Python 解释器读取的字符串格式。repr() 函数的语法格式如下：

```
repr(object)
```

参数说明。

- object：要转换的对象。

- 返回值：返回一个对象的字符串格式。

repr() 函数返回一个对象的字符串格式。repr() 函数的功能和 str() 函数类似，但是两者也有差异：str() 函数用于将对象转换为适合人阅读的字符串格式，而 repr() 函数用于将对象转换为可供 Python 解释器读取的字符串格式。代码如下：

```
01  s1 = " hello \n world！"
02  print(str(s1))
03  print(repr(s1))
04
05  s2 = "hello"
06  print(str(s2))
07  print(repr(s2))
```

程序的运行结果为：

```
 hello
 world！
' hello \n world！'
hello
'hello'
```

示例：使用 repr() 函数将对象转换为可供 Python 解释器读取的字符串格式，代码如下。

```
01  print(repr('Python'))
02  print(521.1314)
03  print(repr([1,4,7]))
04  print(repr(0x19))
05  print(repr(10/3))
06  print(repr({'a':1,'b':2,'c':3}))
```

程序的运行结果为：

```
'Python'
```

```
521.1314
[1, 4, 7]
25
3.3333333333333335
{'a': 1, 'b': 2, 'c': 3}
```

对于一般的类型,对其实例调用 repr() 函数,返回的是其所属的类型和被定义的模块,以及内存地址组成的字符串,代码如下:

```
01  class Student:                       # 定义 Student 类
02      def __init__(self,name):
03          self.name = name
04  s = Student('William')               # 创建类的实例
05  print(repr(s))
```

程序的运行结果为:

```
<__main__.Student object at 0x0000022108DC0A90>
```

11.2.2 bool() 函数——将给定的参数转换为布尔类型

bool() 函数用于将一个给定的参数进行转换并返回布尔类型的值。bool() 函数的语法格式如下:

```
bool([x])
```

参数说明如下。

● x:要转换的参数,可以是数字、字符串、列表、元组等。

● 返回值:返回 True 或 False。

» 如果 bool() 函数没有参数,则返回 False。

» 当对布尔类型使用 bool() 函数时,按原值返回。

» 当对数字使用 bool() 函数时,0 值返回 False,其他值都返回 True。

» 当对字符串使用 bool() 函数时,对于没有值的字符串(None 或空字符串)返回 False,否则返回 True。

» 当对空的列表、字典、元组等使用 bool() 函数时,返回 False,否则返回 True。

需要注意的是,bool 是 int 的子类。

示例:使用 bool() 函数将给定的参数转为布尔类型,代码如下。

```
01  print(bool())                        # 未提供参数,返回 False
```

```
02  print(bool(True))                    # 参数为 True，返回 True
03  print(bool(False))                   # 参数为 False，返回 False
04  print(bool(0))                       # 参数为 0，返回 Flase
05  print(bool(-15))                     # 参数为 -15，返回 True
06  print(bool(251))                     # 参数为 251，返回 True
07  print(bool(None))                    # 参数为 None，返回 False
08  print(bool(''))                      # 参数为空，返回 False
09  print(bool(' '))                     # 参数是一个空格，非空，返回 True
10  print(bool('Python'))                # 以非空字符串作为参数，返回 True
11  print(bool([]))                      # 参数为空列表，返回 False
12  print(bool([0]))                     # 参数为非空列表，返回 True
13  print(bool({'Python','Java'}))       # 以非空字典作为参数，返回 True
```

程序的运行结果为：

```
False
True
False
False
True
True
False
False
True
True
False
True
True
```

11.2.3 complex() 函数——将指定的参数转换为复数形式

complex() 函数用于将指定的参数转换为复数形式，其格式为 real + imag * j。complex() 函数的语法格式如下：

```
complex([real[, imag]])
```

参数说明如下。

● real：可选参数，int 或 float 类型的数值，也可以是字符串格式的复数。

● imag：可选参数，int 或 float 类型的数值。

● 返回值：返回一个复数。

　　» 当 complex() 函数不提供参数时，返回复数 0j。

　　» 当第一个参数为 int 或 float 类型的数值时，第二个参数可为空，表示虚部为 0；

如果提供第二个参数，那么第二个参数也需为 int 或 float 类型的数值。

» 当第一个参数为字符串时，调用时不能提供第二个参数。此时字符串参数需是一个能表示复数的字符串，而且加号或减号前后不能出现空格，否则会抛出 ValueError 异常。

示例：使用 complex() 函数将指定的参数转换为复数形式，代码如下。

```
01  print(complex())              # 当 complex() 函数不提供参数时，返回复数 0j
02  print(complex(2))# 当第一个参数为 int 或 float 类型的数值时，第二个参数可为空，表示虚部为 0
03  print(complex(2,3))           # 传入数值，创建复数
04  print(complex(6.8,-3.1))      # 传入数值，创建复数
05  print(complex("1"))           # 当第一个参数为字符串时，调用时不能提供第二个参数
06  print(complex("1+2j"))        # 传入字符串，创建复数
```

程序的运行结果为：

```
0j
(2+0j)
(2+3j)
(6.8-3.1j)
(1+0j)
(1+2j)
```

11.2.4 list() 函数——将序列转换为列表

list() 函数用于将序列转换成列表类型并返回一个数据列表。list() 函数的语法格式如下：

```
list(seq)
```

参数说明如下。

● seq：表示可以转换为列表的数据，其类型可以是 range 对象、字符串、列表、元组、字典或其他可迭代的数据。

● 返回值：列表。

list() 函数可以传入一个可迭代对象，如字符串、元组、列表、range 对象等，结果将返回可迭代对象中元素组成的列表。list() 函数也可以不传入任何参数，结果将返回一个空列表。

示例：根据传入的参数创建一个新的列表，代码如下。

```
01  print(list())                        # 不传入参数，创建一个空列表
```

```
02  print(list('Python'))                      # 将字符串转换为列表
03  print(list(('a','b','c','d')))             # 将元组转换为列表
04  # 如果参数为列表则原样输出
05  print(list(['Forever', 'I Need You', 'Alone', 'Hello']))
06  print(list(range(1,11)))                   # 将 range 对象转换为列表
```

程序的运行结果为：

```
[]
['P', 'y', 't', 'h', 'o', 'n']
['a', 'b', 'c', 'd']
['Forever', 'I Need You', 'Alone', 'Hello']
[1, 2, 3, 4, 5, 6, 7, 8, 9, 10]
```

学习笔记

如果 list() 函数的参数为列表，则结果将会原样返回。

示例：使用 list() 函数将字典转换为列表，代码如下。

```
01  dictionary = {"Python":98,"Java":80,"C 语言":75}    # 定义字典
02  print(list(dictionary))                             # 使用 list() 函数转换为列表
```

程序的运行结果为：

```
['Python', 'Java', 'C 语言']
```

学习笔记

当 list() 函数的参数为字典时，会返回字典的 key 组成的列表。

11.2.5 tuple() 函数——将序列转换为元组

tuple() 函数用于将序列转换为元组。tuple() 函数的语法格式如下：

```
tuple(seq)
```

参数说明如下。

- seq：表示可以转换为元组的数据，其类型可以是 range 对象、字符串、列表、字典、元组或其他可迭代的数据；如果参数是元组，则参数会被原样返回。

- 返回值：元组。如果不传入任何参数，则返回一个空元组。

示例：使用 tuple() 函数将序列转换为元组，代码如下。

```
01  print(tuple("Python"))          # 参数为字符串
02  print(tuple(range(10, 20, 2)))  # 创建一个 10 ～ 20 之间（不包括 20）所有偶数的元组
03  print(tuple((89,63,100)))       # 原样返回
```

程序的运行结果为：

```
('P', 'y', 't', 'h', 'o', 'n')
(10, 12, 14, 16, 18)
(89, 63, 100)
```

示例：定义一个英文歌曲列表并将其转换为元组，然后将原列表及转换后的元组输出，代码如下。

```
01  list1=['Forever', 'I Need You', 'Alone', 'Hello']  # 英文歌曲列表
02  print(" 列表：",list1)                              # 输出英文歌曲列表
03  tuple1=tuple(list1)                                # 转换为元组
04  print(" 元组：",tuple1)                             # 输出元组
```

程序的运行结果为：

```
列表：  ['Forever', 'I Need You', 'Alone', 'Hello']
元组：  ('Forever', 'I Need You', 'Alone', 'Hello')
```

📋 **学习笔记**

> 当 tuple() 函数的参数为字典时，会返回字典的 key 组成的元组。

11.3　数学函数

Python 内置的数学函数及其说明如表 11.4 所示。

表 11.4　Python 内置的数学函数及其说明

函　　数	说　　明
sum()	对可迭代对象进行求和计算
max()	获取给定参数的最大值
min()	获取给定参数的最小值
abs()	获取绝对值

续表

函　　数	说　　明
round()	对数值进行四舍五入求值
pow()	获取两个数值的幂运算值
divmod()	获取两个数值的商和余数

11.3.1　sum() 函数——对可迭代对象进行求和计算

sum() 函数用于对列表、元组、集合等可迭代对象进行求和计算。sum() 函数的语法格式如下：

```
sum(iterable[, start])
```

参数说明如下。

- iterable：可迭代对象，如列表、元组、range 对象等。
- start：可选参数，指定相加的参数（即序列值相加后再次相加的值），如果没有设置此参数，则默认为 0。
- 返回值：求和结果。

📋 **学习笔记**

在使用 sum() 函数对可迭代对象进行求和计算时，需要满足参数必须为可迭代对象且可迭代对象中的元素类型必须是数值型的条件，否则会抛出 TypeError 异常。

示例：使用 sum() 函数对可迭代对象进行求和，代码如下。

```
01  # 参数为可迭代对象
02  print(sum((10,20,30)))              # 元组
03  print(sum(range(101)))             # range 对象
04  print(sum([2,3,4,1]))              # 列表
05  # 指定参数 start
06  print(sum([2,3,4,1],2))            # 列表元素计算总和后再加 2
07  print(sum([2,3,4,1],10))           # 列表元素计算总和后再加 10
08  print(sum([],1))                    # 传入空可迭代对象，返回参数 start 值
```

程序的运行结果为：

```
60
5050
10
```

```
        12
        20
        1
```

示例：定义一个保存 10 名学生 Python 理论成绩的列表，然后使用 sum() 函数计算列表中元素的和，即计算总成绩，然后输出总成绩，代码如下。

```
01  grade = [98,99,97,100,100,96,94,89,95,100]    # 10 名学生 Python 理论成绩列表
02  total = sum(grade)                            # 计算总成绩
03  print("Python 理论总成绩为: ",total)
```

程序的运行结果为：

```
Python 理论总成绩为:  968
```

11.3.2　max() 函数——获取给定参数的最大值

max() 函数用于获取给定的多个参数中的最大值或可迭代对象中的最大元素。执行与 min() 函数相反的操作。max() 函数的语法格式如下：

```
max(iterable, *[, default=obj, key=func])
```

或者

```
max(arg1, arg2, *args, *[, key=func])
```

参数说明如下。

- iterable：可迭代对象，如列表、元组等。
- default：命名参数，用于指定最大值不存在时返回的默认值。
- key：命名参数，其为一个函数，用于指定获取最大值的方法。
- arg：指定数值。
- 返回值：返回给定参数的最大值。

示例：使用 max() 函数获取给定参数的最大值，代码如下。

```
01  # 获取多个数值中的最大值
02  print(max(1, 3, 5, 7, 9, 11))
03  print(max(-10, 50.8, 95, 10))
04  # 参数为可迭代对象，返回可迭代对象中的最大元素
05  print(max(range(21)))
06  print(max([98, 79, 88, 100, 56, 100]))
07  print(max("1234568"))
08  print(max((1, 2, 3)))
```

程序的运行结果为：

```
11
95
20
100
8
3
```

> 当 max() 函数只给定一个参数时，该参数必须为可迭代对象，返回的是可迭代对象中的最大元素；除此之外，至少需给定两个参数。

11.3.3 min() 函数——获取给定参数的最小值

min() 函数用于获取给定的多个参数中的最小值或可迭代对象中的最小元素。执行与 max() 函数相反的操作。min() 函数的语法格式如下：

```
min(iterable, *[, default=obj, key=func])
```

或者

```
min(arg1, arg2, *args, *[, key=func])
```

参数说明如下。

- iterable：可迭代对象，如列表、元组等。
- default：命名参数，用于指定最小值不存在时返回的默认值。
- key：命名参数，其为一个函数，用于指定获取最小值的方法。
- arg：指定数值。
- 返回值：返回给定参数的最小值。

示例：使用 min() 函数获取给定参数的最小值，代码如下。

```
01  # 获取多个数值中的最小值
02  print(min(6, 8, 10, 6, 100))
03  print(min(-20, 100/3, 7, 100))
04  print(min(0.2, -10, 10, 100))
05
06  # 参数为可迭代对象，返回可迭代对象中的最小元素
07  print(min(range(21)))
```

```
08  print(min([98, 79, 88, 100, 56, 100]))
09  print(min("1234568"))
10  print(min((3, 5, 7)))
```

程序的运行结果为：

```
6
-20
-10
0
56
1
3
```

学习笔记

当 min() 函数只给定一个参数时，该参数必须为可迭代对象，返回的是可迭代对象中的最小元素；除此之外，至少需给定两个参数。

11.3.4　abs() 函数——获取绝对值

abs() 函数用于获取数字的绝对值。abs() 函数的语法格式如下：

```
abs(x)
```

参数说明如下。

● x：表示数字，参数可以是整数、浮点数或复数。

● 返回值：返回数字的绝对值。如果参数是一个复数，则返回复数的模。

示例：获取整数或浮点数的绝对值，代码如下。

```
01  print(abs(909))        #  求绝对值
02  print(abs(-88))
03  print(abs(0))
04  print(abs(0.558))
05  print(abs(-0.12))
```

程序的运行结果为：

```
909
88
0
0.558
0.12
```

示例：使用 abs() 函数获取复数的模，代码如下。

```
01  print(abs(1-2j))                # 参数为复数
02  print(abs(1+5j))
03  print(abs(6*8j))
04  print(abs(-1-1j))
```

程序的运行结果为：

```
2.23606797749979
5.0990195135927845
48.0
1.4142135623730951
```

11.3.5 round() 函数——对数值进行四舍五入求值

round() 函数用于获取数值的四舍五入值。round() 函数的语法格式如下：

```
round(number[, ndigits])
```

参数说明如下。

● number：表示需要格式化的数值。

● ndigits：可选参数，表示小数点后保留的位数。

　　» 如果不提供 ndigits 参数（即只提供 number 参数），则四舍五入取整，返回的是整数。

　　» 如果把参数 ndigits 设置为 0，则进行四舍五入后保留 0 位小数，返回的值是浮点型。

　　» 如果参数 ndigits 大于 0，则四舍五入到指定的小数位。

　　» 如果参数 ndigits 小于 0，则对浮点数的整数部分进行四舍五入。参数 ndigits 用于对整数部分的后几位进行四舍五入，小数部分全部清 0，返回值是浮点数。如果传入的整数部分的位数小于参数 number 的绝对值，则返回 0.0。

● 返回值：返回四舍五入后的值。

使用 round() 函数对数值进行四舍五入的规则如下。

● 如果保留位数的后一位是小于 5 的数字，则舍去。例如，3.1415 保留两位小数为 3.14。

● 如果保留位数的后一位是大于 5 的数字，则进上去。例如，3.1487 保留两位小数为 3.15。

● 如果保留位数的后一位是 5，且该位数后有数字，则进上去。例如，8.2152 保留两位小数为 8.22；又如，8.2252 保留两位小数为 8.23。

● 如果保留位数的后一位是 5，且该位数后没有数字，则要根据保留位数的那一位来决定是进上去还是舍去：如果是奇数则进上去，如果是偶数则舍去。例如，1.35 保留一位小数为 1.4；又如，1.25 保留一位小数为 1.2。

示例：使用 round() 函数对浮点数进行四舍五入求值，代码如下。

```
01  print(round(3.1415926))          # 不提供参数 ndigits，四舍五入取整，返回的是整数
02  # 参数 ndigits 为 0，进行四舍五入后保留 0 位小数，返回的是浮点型
03  print(round(3.1415926,0))
04  print(round(3.1415926,3))        # 保留小数点后 3 位
05  print(round(-0.1233,2))          # 保留小数点后 2 位
06  print(round(20/6,2))             # 保留小数点后 2 位
07  print(round(10.15,1))            # 保留小数点后 1 位
08  print(round(10.85,1))            # 保留小数点后 1 位
```

程序的运行结果为：

```
3
3.0
3.142
-0.12
3.33
10.2
10.8
```

学习笔记

在使用 round() 函数对浮点数进行操作时，有时结果不像预期的那样，如 round(2.675,2) 的结果是 2.67 而不是预期的 2.68，这不是 Bug，而是浮点数在存储时因为位数有限，实际存储的值和显示的值有一定误差。除非对浮点数精确度没什么要求，否则尽量避开使用 round() 函数进行四舍五入求值。

11.3.6　pow() 函数——获取两个数值的幂运算值

pow() 函数用于获取两个数值的幂运算值，如果提供可选参数 z 的值，则返回幂乘结果之后再对 z 取模。pow() 函数的语法格式如下：

```
pow(x, y[, z])
```

参数说明如下。

● x：必需参数，底数。

● y：必需参数，指数。

● z：可选参数，对结果取模。

- 返回值：结果返回 x 的 y 次方（相当于 x**y），如果提供 z 的值，则返回结果之后再对 z 取模（相当于 pow(x,y)%z）。

📋 学习笔记

- 如果参数 x 和 y 有一个是浮点数，则结果将转换成浮点数。
- 如果参数 x 和 y 都是整数，则结果返回的也是整数，除非参数 y 是负数；如果参数 y 是负数，则结果返回的是浮点数。浮点数不能取模，此时可选参数 z 不能传入值。

示例：获取两个数值的幂运算值或其与指定整数的模值，代码如下。

```
01  # 如果参数 x 和 y 都是整数，则结果返回的也是整数，除非 y 是负数；如果参数 y 是负数，则结果返回
02  的是浮点数
03  print(pow(3,2))          # 相当于 print(3**2)
04  print(pow(-2,7))
05  print(pow(2,-2))
06  # 如果参数 x 和 y 有一个是浮点数，则结果将转换成浮点数
07  print(pow(2,0.7))
08  print(pow(3.2,3))
09  # 指定参数 z 的值，参数 x 和 y 必须为整数，且参数 y 不能为负数
10  print(pow(2,3,3))        # 相当于 print(pow(2,3)%3)
```

程序的运行结果为：

```
9
-128
0.25
1.624504792712471
32.76800000000001
2
```

📋 学习笔记

如果在 pow() 函数中设置了可选参数 z 的值，则参数 x 和 y 必须为整数，且参数 y 不能为负数，否则会抛出异常，代码如下：

```
01  # 将提示 ValueError: pow() 2nd argument cannot be negative when 3rd argument
02   specifiedprint(pow(3, -2, 4))
03  # 将提示 TypeError: pow() 3rd argument not allowed unless all arguments
04  are integers print(pow(3.2, 3, 2))
```

📋 学习笔记

pow() 函数的所有参数必须是数值类型的，否则会抛出 TypeError 异常，代码如下：

```
01  # 将提示 TypeError: unsupported operand type(s) for ** or pow(): 'str'
02  and 'int' print(pow('3',2))
```

11.3.7　divmod() 函数——获取两个数值的商和余数

divmod() 函数用于获取两个数值（非复数）相除得到的商和余数组成的元组。divmod() 函数的语法格式如下：

```
divmod(x, y)
```

参数说明如下。

● x：被除数。

● y：除数。

● 返回值：返回由商和余数组成的元组。

示例：使用 divmod() 函数获取商和余数的元组，代码如下。

```
print(divmod(9,2))
print(divmod(100,10))
print(divmod(15.5,2))
```

程序的运行结果为：

```
(4, 1)
(10, 0)
(7.0, 1.5)
```

学习笔记

● 如果参数 x 和 y 都是整数，则相当于（a//b,a%b）。

● 如果参数 x 或 y 是浮点数，则相当于（math.floor(a/b),a%b）。

11.4　对象创建函数

Python 内置的对象创建函数及其说明如表 11.5 所示。

表 11.5　Python 内置的对象创建函数及其说明

函　　数	说　　明
range()	根据传入的参数创建一个 range 对象
dict()	根据传入的参数创建一个字典对象

续表

函　　数	说　　明
set()	将可迭代对象转换为可变集合
frozenset()	将可迭代对象转换为不可变集合
bytearray()	根据传入的参数创建一个可变字节数组
bytes()	根据传入的参数创建一个不可变字节数组
open()	打开文件并返回文件对象

11.4.1　range() 函数——根据传入的参数创建一个 range 对象

range() 函数用于创建一个 range 对象，该函数多用于 for 循环语句中，生成指定范围内的整数。range() 函数的语法格式如下：

```
range(stop)
```

或者

```
range(start, stop[, step])
```

参数说明如下。

- start：表示起始整数（包含起始值），默认起始值为 0，起始整数可以省略，如果省略起始整数，则表示从 0 开始。
- stop：表示结束整数（不包含结束值，如 range(7) 得到的为 0 ~ 6 范围内的值，不包括 7），结束整数不能省略。当 range() 函数中只有一个参数时，表示指定计数的结束整数。结束整数可以大于 0，也可以小于或等于 0，但是当结束整数小于或等于 0 时，生成的 range 对象是不包含任何元素的。
- step：表示步长，即两个数之间的间隔，参数 step 可以省略，如果省略参数 step，则表示步长为 1。例如，range(1,7) 将得到 1、2、3、4、5、6。
- 返回值：返回一个 range 对象。

📋 **学习笔记**

range() 函数接收的参数必须是整数，不能是浮点数等其他数据类型，否则会抛出 TypeError 异常。

在使用 range() 函数时，如果只有一个参数，则表示指定的是 stop；如果有两个参数，则表示指定的是 start 和 stop；只有三个参数都存在时，最后一个参数才表示步长。

示例：根据提供的参数生成一个 range 对象，代码如下。

```
01  print(range(15))
02  print(range(50,100,1))
03  print(range(50,100,10))
```

程序的运行结果为：

```
range(0, 15)
range(50, 100)
range(50, 100, 10)
```

示例：使用 list() 函数将 range 对象转换为列表，代码如下。

```
01  print(list(range(0)))            # 参数为 0，生成的 range 对象不包含任何元素
02  print(list(range(-10)))          # 参数为负数，生成的 range 对象不包含任何元素
03  print(list(range(8)))            # 不包括 8
04  print(list(range(5,10)))         # 不包括 10
05  print(list(range(50,100,10)))    # 不包括 100，步长为 10
06  print(list(range(50,101,5)))     # 包括 100，步长为 5
```

程序的运行结果为：

```
[]
[]
[0, 1, 2, 3, 4, 5, 6, 7]
[5, 6, 7, 8, 9]
[50, 60, 70, 80, 90]
[50, 55, 60, 65, 70, 75, 80, 85, 90, 95, 100]
```

学习笔记

　　list() 函数用于将可迭代对象（如 range 对象、字符串、元组等）转换成列表类型，并返回可迭代对象中元素组成的列表。

示例：使用 range() 函数实现从 1 到 100 的累加，代码如下。

```
01  print("1+2+3+……+100 的结果为：")
02  result = 0                # 保存累加结果的变量
03  for i in range(101):
04      result += i           # 实现累加功能
05  print(result)            # 在循环结束时输出结果
```

程序的运行结果为：

```
1+2+3+……+100 的结果为：
5050
```

示例：循环输出 Python 的每个字母，代码如下。

```
01  str = "Python"
02  for i in range(len(str)):
03      print(str[i])
```

程序的运行结果为：

```
P
y
t
h
o
n
```

11.4.2　dict() 函数——根据传入的参数创建一个字典对象

dict() 函数用于创建一个字典对象。dict() 函数的语法格式如下：

```
dict(**kwargs)
dict(mapping,**kwargs)
dict(iterable,**kwargs)
```

参数说明如下。

- ** kwargs：一到多个关键字参数，如 dict(one=1, two=2, three=3)。
- mapping：元素容器，如 zip 函数。
- iterable：可迭代对象。
- 返回值：一个字典。如果不传入任何参数，则返回空字典。

示例：通过给定的关键字参数创建字典对象，代码如下。

```
01  # 通过给定的关键字参数创建字典对象
02  d1 = dict(mr="www.mingrisoft.com")
03  print(d1)
04  d2 = dict(Python=98, English=78, Math=81)
05  print(d2)
06  d3 = dict(name='Tom', age=21, height=1.5)
07  print(d3)
```

程序的运行结果为：

```
{'mr': 'www.mingrisoft.com'}
{'Python': 98, 'English': 78, 'Math': 81}
{'name': 'Tom', 'age': 21, 'height': 1.5}
```

学习笔记

当使用 dic() 函数通过给定的关键字参数创建字典对象时，关键字参数名必须都是 Python 中的标识符，否则会抛出 SyntaxError 异常，代码如下：

```
01  # 将会提示 SyntaxError: keyword can't be an expression print(dict(1="a",
02  2='b'))
```

11.4.3　bytes() 函数——根据传入的参数创建一个不可变字节数组

bytes() 函数返回一个新的不可变字节数组，每个数字元素都必须在 0 ～ 255 范围内，与 bytearray() 函数的功能类似，但 bytes() 函数返回的字节数组不可修改。bytes() 函数的语法格式如下：

```
bytes([source[, encoding[, errors]]])
```

参数说明如下。

● source：整数、字符串、可迭代对象等。

● encoding：表示进行转换时采用的字符编码，默认为 utf-8 编码。

● errors：表示错误处理方式（报错级别），常见的报错级别如下。

　　» 'strict'：严格级别（默认级别），字符编码只要有报错就抛出异常。

　　» 'ignore'：忽略级别，字符编码有错，忽略。

　　» 'replace'：替换级别，字符编码有错，替换成 �。

● 返回值：返回一个新的不可变字节数组。如果 bytes() 函数未提供参数，则返回长度为 0 的字节数组。

可选参数 source 有以下几种指定方式。

● 如果参数 source 为字符串，则必须提供参数 encoding，bytes() 函数将使用 str.encode() 函数将字符串转换为字节。

● 如果参数 source 为整数，则返回这个整数所指定长度的空字节数组。

● 如果参数 source 为可迭代对象，则这个迭代对象的元素必须为 0 ～ 255 范围内的整数，以便可以初始化到数组中。

● 如果参数 source 为符合缓冲区接口的对象，则使用只读方式将字节读取到字节数组后返回。

示例：使用 bytes() 函数根据传入的参数创建一个不可变字节数组，代码如下。

```
01  print(bytes())                         # 当不指定参数时，返回长度为 0 的字节数组
02  print(bytes('Python', 'utf-8'))        # 参数为字符串并指定编码为 utf-8
03  print(bytes('明日科技', 'utf-8'))        # 参数为字符串并指定编码为 utf-8
04  print(bytes(8))                        # 参数为整数
05  print(bytes([255,1,168]))              # 参数为列表
06  print(bytes([1,2,3,4]))                # 参数为符合缓冲区接口的对象
07  print(bytes(range(15)))                # 参数为 range 对象
08  print(bytes(b'mr'))                    # 参数为二进制数
```

程序的运行结果为：

```
b''
b'Python'
b'\xe6\x98\x8e\xe6\x97\xa5\xe7\xa7\x91\xe6\x8a\x80'
b'\x00\x00\x00\x00\x00\x00\x00\x00'
b'\xff\x01\xa8'
b'\x01\x02\x03\x04'
b'\x00\x01\x02\x03\x04\x05\x06\x07\x08\t\n\x0b\x0c\r\x0e'
b'mr'
```

📋 **学习笔记**

如果参数 source 为字符串，则必须提供参数 encoding，否则会抛出 TypeError 异常，代码如下：

```
01  # 将提示 TypeError: string argument without an encoding
02  print(bytes('明日科技'))          # 参数为字符串
```

11.5 迭代器操作函数

Python 内置的迭代器操作函数及其说明如表 11.6 所示。

表 11.6　Python 内置的迭代器操作函数及其说明

函　　数	说　　明
sorted()	对可迭代对象进行排序
reversed()	反转序列生成新的迭代器
zip()	将可迭代对象打包成元组并返回一个可迭代的 zip 对象
enumerate()	根据可迭代对象创建一个 enumerate 对象

函　　数	说　　明
all()	判断可迭代对象中的所有元素是否都为 True
any()	判断可迭代对象中的所有元素是否都为 False
iter()	根据指定的可迭代集合对象或可调用对象来生成一个迭代器
next()	返回迭代器的下一个元素
filter()	通过指定条件过滤序列并返回一个迭代器对象
map()	通过函数实现对可迭代对象的操作并返回一个迭代器对象

11.5.1　sorted() 函数——对可迭代对象进行排序

sorted() 函数用于对可迭代对象进行排序，返回一个由排序后的可迭代对象的元素组成的列表。使用该函数进行排序后，原可迭代对象不变。sorted() 函数的语法格式如下：

```
sorted(iterable, key=None, reverse=False)
```

参数说明。

- iterable：表示可迭代对象，如列表、字符串、字典等。

- key：可选参数，命名参数 key 是一个方法，用于指定排序的规则（即按照指定的方法或函数对可迭代对象进行排序）。例如，设置 "key=str.lower"，表示将可迭代对象中的每个元素转换为小写字母后再进行排序，返回的仍然是可迭代对象中的元素。默认 key=None，表示直接比较元素进行排序。

- reverse：可选参数，指定排序规则，默认 reverse=False，表示升序排列，当 reverse=True 时，表示降序排列。

- 返回值：返回重新排序的列表。

示例：定义一个保存 8 名学生 Python 理论成绩的列表，然后使用 sorted() 函数对其进行升序和降序排列，最后输出原序列，代码如下。

```
01  grade = [56,99,97,100,63,70,95,100]            # 8 名学生 Python 理论成绩列表
02  print("升序: ", sorted(grade))                  # 升序排列
03  print("降序: ", sorted(grade, reverse = True))  # 降序排列
04  print("原序列: ", grade)                         # 输出原序列，并未改变顺序
```

程序的运行结果为：

```
升序: [56, 63, 70, 95, 97, 99, 100, 100]
降序: [100, 100, 99, 97, 95, 70, 63, 56]
```

原序列：[56, 99, 97, 100, 63, 70, 95, 100]

示例：定义一个保存字符的列表，然后使用 sorted() 函数对其进行排序，并指定参数 key=str.lower，代码如下。

```
01  c = ['a','b','c','*','A','B','Z']               # 定义列表
02  # 默认按字符 ASCII 码进行排序
03  print("升序: ",sorted(c))                       # 升序排列
04  print("降序: ",sorted(c,reverse = True))         # 降序排列
05  # 转换为小写后升序排列，a 和 A 的值一样
06  print("转换为小写后升序: ",sorted(c,key=str.lower))
07  # 转换为小写后降序排列
08  print("转换为小写后降序: ",sorted(c,key=str.lower,reverse = True))
```

程序的运行结果为：

```
升序: ['*', 'A', 'B', 'Z', 'a', 'b', 'c']
降序: ['c', 'b', 'a', 'Z', 'B', 'A', '*']
转换为小写后升序: ['*', 'a', 'A', 'b', 'B', 'c', 'Z']
转换为小写后降序: ['Z', 'c', 'b', 'B', 'a', 'A', '*']
```

▤ 学习笔记

> * 的 ASCII 值为 42，A 的 ASCII 值为 65，a 的 ASCII 值为 97。

11.5.2 reversed() 函数——反转序列生成新的迭代器

reversed() 函数用于反转一个序列对象，将其元素从后向前颠倒构建成一个新的迭代器。reversed() 函数的语法格式如下：

```
reversed(seq)
```

参数说明如下。

● seq：序列，如列表、元组、字符串、range 对象等。

● 返回值：返回一个反转的迭代器。

示例：通过 list() 函数将 reversed() 函数返回的迭代器对象转换为列表输出，代码如下。

```
01  str = reversed('Python')           # 定义字符串
02  print(str)                          # 返回一个反转的迭代器
03  print(list(str))                    # 使用 list() 函数将可迭代对象转换为列表
04
05  list1 = [100,85,56,59]              # 列表
```

```
06  print(list(reversed(list1)))
07
08  num = range(0,101,10)                      # range 对象
09  print(list(reversed(num)))
10
11  tuple = ('Python', 'Java', 'C语言')  # 元组
12  print(list(reversed(tuple)))
```

程序的运行结果为：

```
<reversed object at 0x00000000027D7EB8>
['n', 'o', 'h', 't', 'y', 'P']
[59, 56, 85, 100]
[100, 90, 80, 70, 60, 50, 40, 30, 20, 10, 0]
['C语言', 'Java', 'Python']
```

11.5.3　zip() 函数——将可迭代对象打包成元组并返回一个可迭代的 zip 对象

zip() 函数使用可迭代的对象作为参数，将对象中对应的元素打包成元组，然后返回由这些元组组成的 zip 对象。zip() 函数的语法格式如下：

```
zip(iterable1,iterable2,…])
```

参数说明如下。

● iterable1,iterable2,…：可迭代对象，如列表、字典、元组、字符串等，zip() 函数允许使用多个可迭代对象作为参数。

　　» 当 zip() 函数没有参数时，返回空的迭代器。

　　» 当 zip() 函数只有一个参数时，从参数中依次取一个元素组成一个元组，再将依次组成的元组组合成一个新的迭代器。

　　» 当 zip() 函数有两个参数时，分别从两个参数中依次各取出一个元素组成元组，再将依次组成的元组组合成一个新的迭代器。

● 返回值：返回一个可迭代的 zip 对象，其内部元素为元组，可以使用 list() 函数或 tuple() 函数将其转换为列表或元组。

学习笔记

　　zip() 函数在 Python2 版本中直接返回一个由元组组成的列表，在 Python 3 版本中返回的是一个可迭代的 zip 对象。

示例：使用 zip() 函数返回一个可迭代的 zip 对象，然后使用 list() 函数将返回的 zip 对象转换为列表输出，代码如下。

```
01  num = [1,2,3,4]                      # 定义列表 num
02  # 定义列表 name
03  name = ["杰夫•贝佐斯","比尔•盖茨","沃伦•巴菲特","伯纳德•阿诺特"]
04  print(zip(num,name))                 # 返回一个 zip 对象
05  print(list(zip(num,name)))           # 使用 list() 函数将 zip 对象转换为列表
```

程序的运行结果为：

```
<zip object at 0x000000000280E048>
[(1, '杰夫•贝佐斯'), (2, '比尔•盖茨'), (3, '沃伦•巴菲特'), (4, '伯纳德•
阿诺特')]
```

从上面的运行结果可以看出，zip() 函数返回的是一个 zip 对象，如果想要得到列表，则可以使用 list() 函数进行转换。我们还可以使用循环的方式列出 zip() 函数返回的 zip 对象的元素，代码如下：

```
01  num = [1,2,3,4]                      # 定义列表 num
02  # 定义列表 name
03  name = ["杰夫•贝佐斯","比尔•盖茨","沃伦•巴菲特","伯纳德•阿诺特"]
04  a = zip(num,name)
05  for i in a:                          # 使用 for 循环列出 zip 对象的元素
06      print(i)
```

程序的运行结果为：

```
(1, '杰夫•贝佐斯')
(2, '比尔•盖茨')
(3, '沃伦•巴菲特')
(4, '伯纳德•阿诺特')
```

示例：zip() 函数的应用，代码如下。

```
01  num = [1,2]
02  name = ["杰夫•贝佐斯","比尔•盖茨","沃伦•巴菲特","伯纳德•阿诺特"]
03  # 没有参数时，返回空的迭代器
04  print(list(zip()))
05  # 当只有一个参数时，从参数中依次取一个元素组成一个元组，再将依次组成的元组组合成一个新
06  # 的迭代器
07  print(list(zip(num)))
08  print(list(zip(name)))
09  # 如果可迭代对象的元素个数不一致，则返回的对象长度与最短的可迭代对象相同
10  print(list(zip(num,name)))
```

程序的运行结果为：

```
[]
[(1,), (2,)]
[('杰夫·贝佐斯',), ('比尔·盖茨',), ('沃伦·巴菲特',), ('伯纳德·阿诺特',)]
[(1, '杰夫·贝佐斯'), (2, '比尔·盖茨')]
```

我们可以使用 * 操作符与 zip() 函数配合将 zip 对象变成组合前的数据，即将合并的序列拆分成多个元组并进行解压，代码如下：

```
01  n1 = [1,2,3,4]
02  n2 = ['one','two','three','four']
03  n3 = ['壹','贰','叁','肆']
04  print("解压前: ", list(zip(n1,n2,n3)))
05  a = zip(n1,n2,n3)
06  print("解压后: ", list(zip(*a)))        # 利用 * 操作符进行解压
```

程序的运行结果为：

解压前:　[(1, 'one', '壹'), (2, 'two', '贰'), (3, 'three', '叁'), (4, 'four', '肆')]

解压后:　[(1, 2, 3, 4), ('one', 'two', 'three', 'four'), ('壹', '贰', '叁', '肆')]

示例：使用 zip() 函数结合 for 循环实现同时迭代两个序列，代码如下。

```
01  print("福布斯2018年全球富豪榜前五名:")
02  num = [1,2,3,4,5]
03  name = ["杰夫·贝佐斯","比尔·盖茨","沃伦·巴菲特","伯纳德·阿诺特","阿曼西奥·
04  奥特加"]
05  for i,j in zip(name,num):
06      print(i," 的世界排名为：第 ",j," 名 ")
```

程序的运行结果为：

福布斯2018年全球富豪榜前五名：
杰夫·贝佐斯 的世界排名为：第 1 名
比尔·盖茨 的世界排名为：第 2 名
沃伦·巴菲特 的世界排名为：第 3 名
伯纳德·阿诺特 的世界排名为：第 4 名
阿曼西奥·奥特加 的世界排名为：第 5 名

11.5.4　enumerate() 函数——根据可迭代对象创建一个 enumerate 对象

enumerate() 函数用于将一个可迭代的对象组合为一个带有数据和数据下标的索引序列，返回一个枚举对象。enumerate() 函数多用在 for 循环中，用于遍历序列中的元素及它们的下标。enumerate() 函数的语法格式如下：

```
enumerate(iterable, start=0)
```

参数说明如下。

- iterable：一个序列、迭代器或其他支持迭代的对象，如列表、元组、字符串等。
- start：下标的起始值，默认从 0 开始。
- 返回值：返回一个 enumerate（枚举）对象。

示例：定义一个元组，使用 enumerate() 函数根据定义的元组创建一个 enumerate 对象，并使用 list() 函数将其转换为列表输出，代码如下。

```
01  num = ('one','two','three','four')
02  print(enumerate(num))                      # 返回一个 enumerate 对象
03  print(list(enumerate(num)))# 使用 list() 函数将 enumerate 转换为列表，下标的起始
04  值默认从 0 开始
05  print(list(enumerate(num,2)))              # 设置下标的起始值从 2 开始
```

程序的运行结果为：

```
<enumerate object at 0x00000000027D2438>
[(0, 'one'), (1, 'two'), (2, 'three'), (3, 'four')]
[(2, 'one'), (3, 'two'), (4, 'three'), (5, 'four')]
```

从上面的运行结果可以看出，enumerate() 函数返回的是一个 enumerate 对象，如果想要得到列表，则可以用 list() 函数进行转换。

11.5.5 all() 函数——判断可迭代对象中的所有元素是否都为 True

all() 函数用于判断可迭代对象中的所有元素是否都为 True。只要有一个元素是 False，则结果就为 False。元素除 0、空、False 外都返回 True。all() 函数的语法格式如下：

```
all(iterable)
```

参数说明。

- iterable：可迭代对象，如列表、元组等。
- 返回值：返回 True 或 False，如果可迭代对象中每个元素的逻辑值均为 True，则返回 True，否则返回 False，即只要存在为假的元素（0、空、False）就返回 False。

示例：使用 all() 函数判断可迭代对象的每个元素是否都为 True，代码如下。

```
01  print(all([1,3,5,7,9]))          # 列表元素都不为空或 0，返回 True
02  print(all(('Python','Java')))    # 元组元素都不为空或 0，返回 True
03  print(all([0,2,4,6,8]))          # 列表存在一个为 0 的元素，返回 False
```

```
04  print(all(['a','','c']))                    # 列表存在一个为空的元素，返回 False
```

程序的运行结果为：

```
True
True
False
False
```

11.5.6　any() 函数——判断可迭代对象中的所有元素是否都为 False

any() 函数用于判断可迭代对象中的所有元素是否都为 False。如果全部为 False，则返回 False，只要有一个元素是 True，则结果就为 True。元素除 0、空、False 外都返回 True。any() 函数的语法格式如下：

```
any(iterable)
```

参数说明如下。

- iterable：可迭代对象，如列表、元组等。

- 返回值：返回 True 或 False。如果可迭代对象中有一个元素的逻辑值为 True，则返回 True；如果全部值均为 False，则返回 False。

示例：通过 any() 函数分别判断 5 个序列中的元素是否满足该函数条件，代码如下。

```
01  # 使用 any() 函数判断序列中的元素是否都为 False
02  is1=any(['Python', 'Java', 'C++', '.net'])
03  is2=any([0,1,2,3,4])                         # 如果有一个元素为 True，则返回 True
04  is3=any([0, '', False])                      # 如果全部元素为 False，则返回 False
05  is4=any((0,0))
06  is5=any([])                                  # 如果可迭代对象为空（元素个数为 0），则返回 False
07  # 输出判断结果
08  print("第一个序列：",is1)
09  print("第二个序列：",is2)
10  print("第三个序列：",is3)
11  print("第四个序列：",is4)
12  print("第五个序列：",is5)
```

程序的运行结果为：

```
第一个序列： True
第二个序列： True
第三个序列： False
第四个序列： False
第五个序列： False
```

如果 any() 函数的可迭代对象为空（元素个数为 0），则返回 False，如空列表、空元组，返回值为 False。

11.5.7　next() 函数——返回迭代器的下一个元素

next() 函数以迭代器作为参数，在每次调用时，返回迭代器中的下一个元素。next() 函数的语法格式如下：

```
next(iterator[,default])
```

参数说明如下。

- iterator：迭代器。

- default：可选参数，用于设置在没有下一个元素时返回该默认值，如果不设置，且又没有下一个元素，则会抛出 StopIteration 异常。

- 返回值：返回迭代器中的下一个元素。

示例：使用 next() 函数返回迭代器中的下一个元素，代码如下。

```
01  s = iter('mr')       # 将字符串序列转换为迭代器对象
02  print(next(s))       # 返回迭代器中的下一个元素
03  print(next(s))
04  print(next(s))       # 没有下一个元素，抛出 StopIteration 异常
```

程序的运行结果如图 11.3 所示。

```
m
r
Traceback (most recent call last):
  File "G:/pycharm/1.py", line 4, in <module>
    print(next(s))
StopIteration
```

图 11.3　程序的运行结果

从上面的运行结果可以看出，当迭代完最后一个元素值之后，再次调用 next() 函数会抛出 StopIteration 异常。我们可以传入可选参数 default，如果还有元素没有返回，则依次返回其元素值，如果所有元素已经返回，则返回 default 指定的默认值而不会抛出 StopIteration 异常，代码如下：

```
01  s = iter('mr')                         # 将字符串序列转换为迭代器对象
02  print(next(s, 'x'))
03  print(next(s, 'x'))
04  print(next(s, 'x'))                     # 返回 default 指定的默认值
05  print(next(s, 'x'))
```

程序的运行结果为：

```
m
r
x
x
```

11.5.8　filter() 函数——通过指定条件过滤序列并返回一个迭代器对象

filter() 函数用于过滤可迭代对象中不符合条件的元素，返回由符合条件的元素组成的新迭代器对象。filter() 函数把传入的函数依次作用于每个元素，然后根据返回值是 True 还是 False 决定保留还是丢弃该元素。filter() 函数的语法格式如下：

```
filter(function,iterable)
```

参数说明如下。

● function：用于实现判断的函数。

● iterable：可迭代对象，如列表、range 对象等。

● 返回值：返回一个迭代器对象。

示例：使用 filter() 函数过滤出 0 ～ 20（不包括 20）之间的所有偶数，代码如下。

```
01  def odd(num):                          # 定义一个判断偶数的函数
02      return num % 2 == 0
03
04  newlist = filter(odd,range(20))         # 使用 filter() 函数过滤出序列中所有的偶数
05  print(newlist)                          # 返回一个迭代器对象
06  print(list(newlist))                    # 使用 list() 函数将迭代器对象转换为列表
```

程序的运行结果为：

```
<filter object at 0x00000000021C7E48>
[0, 2, 4, 6, 8, 10, 12, 14, 16, 18]
```

从上面的运行结果可以看出，filter() 函数返回的是一个迭代器对象，我们可以使用 list() 函数将其转换为列表。

11.5.9 map() 函数——通过函数实现对可迭代对象的操作并返回一个迭代器对象

map() 函数接收一个函数类型参数和一个或多个可迭代对象作为参数，返回一个迭代器对象。迭代器对象均是函数参数依次作用于可迭代对象后的结果。map() 函数的语法格式如下：

```
map(function, iterable, …)
```

参数说明如下。

- function：用于实现判断的函数。
- iterable：一个或多个可迭代对象。
- 返回值：返回迭代器对象。

📋 **学习笔记**

> map() 函数在 Python2 版本中返回的是列表，在 Python3 版本中返回的是迭代器对象。

示例：定义一个整数列表，通过 map() 函数将该列表中的每一个元素转换为 Unicode 字符，代码如下。

```
01  num1 = [25105,29233,20320]
02  a=map(chr,num1)        # 返回一个迭代器对象
03  print(a)
04  print(list(a))         # 使用 list() 函数将迭代器对象转换为列表
```

程序的运行结果为：

```
<map object at 0x0000000001E57B00>
['我', '爱', '你']
```

从上面的运行结果可以看出，map() 函数返回的是一个迭代器对象，我们可以使用 list() 函数将其转换为列表。

📋 **学习笔记**

> chr() 函数用于将整数转换为对应的 Unicode 字符。

示例：通过 map() 函数实现规范英文名字的大小写（首字母大写，其余字母小写），代码如下。

```
01  name = ['james','LiSa','Marks']                          # 创建列表
```

```
02  print(" 原列表为: ",name)
03  def function(x):                        # 定义函数
04      return x[0].upper() + x[1:].lower()  # 实现首字母大写，其他字母小写
05  # 使用 list() 函数将迭代器对象转换为列表
06  print(" 转换后的列表为: ",list(map(function,name)))
```

程序的运行结果为：

```
原列表为:  ['james', 'LiSa', 'Marks']
转换后的列表为:  ['James', 'Lisa', 'Marks']
```

11.6 对象操作函数

对象操作函数的函数类型及其说明如表 11.7 所示。

表 11.7 对象操作函数的函数类型及其说明

函　　数	说　　明
type()	返回对象的类型或创建新类型
dir()	返回对象或当前作用域内的属性列表
locals()	返回当前作用域内的局部变量和其值组成的字典
globals()	返回当前作用域内的全局变量和其值组成的字典
issubclass()	判断一个类是否为另一个类的子类
isinstance()	判断对象是否是类型对象的实例
eval()	执行一个字符串表达式并返回执行结果
exec()	执行储存在字符串或文件中的 Python 语句
id()	获取对象的内存地址
hash()	获取一个对象的哈希值
callable()	检查对象是否能够被调用
super()	调用父类函数
memoryview()	获取指定参数对应的内存查看对象，即对支持缓冲区协议的数据进行包装，在不需要复制对象的基础上允许 Python 代码访问
ascii()	返回对象的可打印表字符串表现方式
compile()	将字符串编译为字节代码
staticmethod()	返回函数的静态方法
import()	动态加载类和函数

11.6.1　type() 函数——返回对象的类型或创建新类型

type() 函数用于返回对象的类型，或者根据传入的参数创建一个新的类型。type() 函数的语法格式如下：

```
type(object)                # 一个参数方式
type(name, bases, dict)     # 三个参数方式
```

参数说明如下。

- object：对象。

- name：类的名称。

- bases：父类的元组。

- dict：字典，类内定义的命名空间变量。

- 返回值：如果只有一个参数，则返回对象的类型；如果有三个参数，则返回新的对象类型。

示例：根据提供的参数返回相应的对象类型，代码如下。

```
01  # 返回对象类型
02  print(type(521))                # 整型
03  print(type(3.14159))            # 浮点型
04  print(type('mrsoft'))           # 字符串
05  print(type([1,2,3]))            # 列表
06  print(type((1,2,3)))            # 元组
07  print(type({"apple":4.98,"banana":"3.98"}))     # 字典
08  print(type({1,2,3,4}))          # 集合
```

程序的运行结果为：

```
<class 'int'>
<class 'float'>
<class 'str'>
<class 'list'>
<class 'tuple'>
<class 'dict'>
<class 'set'>
```

11.6.2　dir() 函数——返回对象或当前作用域内的属性列表

dir() 函数用于返回对象或当前作用域内的属性列表。dir() 函数的语法格式如下：

```
dir([object])
```

参数说明如下。

- object：对象（如模块、函数、字符串、列表等）、变量、类型。
- 返回值：返回对象或作用域内的属性列表，以一个字符串列表的形式返回。

示例：使用 dir() 函数查看列表，代码如下。

```
01  print(dir([]))              # 直接传入空列表对象
```

程序的运行结果为：

```
    ['_add_', '_class_', '_contains_', '_delattr_', '_delitem_', '_dir_',
'_doc_', '_eq_', '_format_', '_ge_', '_getattribute_', '_getitem_', '_gt_',
'_hash_', '_iadd_', '_imul_', '_init_', '_init_subclass_', '_iter_', '_
le_', '_len_', '_lt_', '_mul_', '_ne_', '_new_', '_reduce_', '_reduce_ex_',
'_repr_', '_reversed_', '_rmul_', '_setattr_', '_setitem_', '_sizeof_', '_
str_', '_subclasshook_', 'append', 'clear', 'copy', 'count', 'extend',
'index', 'insert', 'pop', 'remove', 'reverse', 'sort']
```

使用 dir() 函数查看列表，除了可以在 dir() 函数中传入空列表对象，还可以传入一个列表数据类型的变量名，两种操作方法所得到的结果一样，代码如下：

```
01  list = [1,2,3,4,5]
02  print(dir(list))
```

📋**学习笔记**

　　如果想查看字符串中的属性列表，只要把 dir() 函数中的参数改为参数变量名或空字符串（''）即可。

当 dir() 函数的参数对象是模块时，返回模块的属性、方法列表。

示例：使用 dir() 函数获取时间模块的属性、方法列表，代码如下。

```
01  import time            # 导入时间模块
02  print(dir(time))       # 获取时间模块的属性、方法列表
```

程序的运行结果为：

```
    ['_STRUCT_TM_ITEMS', '_doc_', '_loader_', '_name_', '_package_', '_
spec_', 'altzone', 'asctime', 'clock', 'ctime', 'daylight', 'get_clock_
info', 'gmtime', 'localtime', 'mktime', 'monotonic', 'perf_counter',
'process_time', 'sleep', 'strftime', 'strptime', 'struct_time', 'time',
'timezone', 'tzname']
```

当 dir() 函数的参数对象是类时，返回类及其子类的属性、方法列表。

📋 **学习笔记**

在 Python 内置函数中还提供了 eval() 函数和 ascii() 函数，用于操作对象，关于这两个函数的详细介绍，请参见 6.2.1 节、6.2.3 节。

第 12 章　类和对象

类是面向对象编程的核心概念，面向对象程序设计是在面向过程程序设计的基础上发展而来的，它比面向过程程序设计具有更强的灵活性和扩展性。面向对象程序设计是一个程序员发展的"分水岭"，很多初学者和略有成就的开发者，就是因为无法理解"面向对象"的概念而放弃深入学习编程。这里想提醒一下初学者，要想在编程这条路上走得比别人远，就一定要掌握面向对象编程技术。

Python 从设计之初就已经是一门面向对象的语言，它可以方便地创建类和对象，本章将对类和对象进行详细讲解。

12.1　面向对象概述

微课视频

传统的程序采用结构化的程序设计方法，即面向过程。针对某一需求，自上而下，逐步细化，将需求通过模块的形式实现，然后对模块中的问题进行结构化编码。随着用户需求的不断增加，软件规模越来越大，传统的面向过程开发方式暴露出许多缺点，如软件开发周期长、软件程序难以维护等。20 世纪 80 年代后期，人们提出了面向对象（Object Oriented Programming，OOP）程序设计方式。在面向对象程序设计中，开发人员不需要考虑数据结构和功能函数，只要关注对象即可。

12.1.1　对象

"对象"是一个抽象概念，英文是"Object"，表示任意存在的事物。世间万物皆对象！在现实世界中，随处可见的一种事物就是对象，对象是事物存在的实体，如一个人。

通常对象被划分为两部分，即静态部分与动态部分。静态部分被称为"属性"，任何对象都具备自身属性，这些属性不仅是客观存在的，而且是不能被忽视的，如人的性别。

动态部分指的是对象的行为，即对象执行的动作，如人可以行走。

📋 学习笔记

在 Python 中，一切都是对象。不仅是具体的事物称为对象，字符串、函数等也都是对象。

12.1.2　类

类是封装对象的属性和行为的载体，反过来说，即具有相同属性和行为的一类实体被称为类。例如，把雁群比作大雁类，那么大雁类就具备了喙、翅膀和爪等属性，觅食、飞行和睡觉等行为，而一只要从北方飞往南方的大雁则被视为大雁类的一个对象。

在 Python 中，类是一种抽象概念，如定义一个大雁类，在该类中，可以定义每个对象共有的属性和方法；而一只要从北方飞往南方的大雁则是大雁类的一个对象，对象是类的实例。有关类的具体实现将在 12.2 节中进行详细介绍。

12.1.3　面向对象程序设计的特点

面向对象程序设计具有封装、继承和多态三大基本特点，下面分别描述。

1. 封装

封装是面向对象编程的核心思想，将对象的属性和行为封装起来，其载体就是类，类通常会对客户隐藏其实现细节，这就是封装的思想。例如，用户使用计算机，只需要使用手指敲击键盘就可以实现一些功能，而无须知道计算机内部是如何工作的。

采用封装思想保证了类内部数据结构的完整性，使用该类的用户不能直接看到类中的数据结构，而只能执行类允许公开的数据，这样就避免了外部对内部数据的影响，提高了程序的可维护性。

2. 继承

矩形、菱形、平行四边形和梯形都是四边形。因为四边形与它们具有共同的特征，即拥有 4 条边，所以只要将四边形适当地延伸，就会得到这些图形。以平行四边形为例，如果把平行四边形看作四边形的延伸，那么平行四边形就复用了四边形的属性和行为，同时添加了平行四边形特有的属性和行为，如平行四边形的对边平行且相等。在

Python 中，可以把平行四边形类看作是继承四边形类后产生的类，其中，将类似于平行四边形的类称为子类，将类似于四边形的类称为父类或超类。值得注意的是，在阐述平行四边形和四边形的关系时，可以说平行四边形是特殊的四边形，但不能说四边形是平行四边形。同理，在 Python 中可以说子类的实例都是父类的实例，但不能说父类的实例是子类的实例。

综上所述，继承是实现重复利用的重要手段，子类通过继承复用父类的属性和行为的同时又添加了子类特有的属性和行为。

3. 多态

将父类对象应用于子类的特征就是多态。例如，创建一个螺丝类，螺丝类有两个属性，即粗细和螺纹密度；再创建两个类，一个是长螺丝类，另一个是短螺丝类，并且它们都继承了螺丝类。这样长螺丝类和短螺丝类不仅具有相同的特征（粗细相同，且螺纹密度也相同），还具有不同的特征（一个长，一个短，长的可以用来固定大型支架，短的可以用来固定生活中的家具）。综上所述，一个螺丝类衍生出不同的子类，子类继承父类特征的同时，也具备了自己的特征，并且能够实现不同的效果，这就是多态化的结构。

12.2 类的定义和使用

在 Python 中，类表示具有相同属性和方法的对象的集合。在使用类时，需要先定义类，再创建类的实例，通过类的实例就可以访问类中的属性和方法了。下面进行具体介绍。

12.2.1 定义类

微课视频

在 Python 中，类的定义使用 class 关键字来实现，语法格式如下：

```
class ClassName:
    '''类的帮助信息'''              # 类文档字符串
    statement                      # 类体
```

参数说明如下。

● ClassName：用于指定类名，一般以大写字母开头，如果类名中包括两个单词，那么第二个单词的首字母也要大写，这种命名方法称为"驼峰式命名法"，这是惯例。

当然，开发人员也可以根据自己的习惯来命名，但是一般推荐按照惯例来命名。

- '''类的帮助信息''': 用于指定类的文档字符串，定义该字符串后，在创建类的对象时，输入类名和左侧的括号"("后，将显示该类的信息。
- statement：类体，主要由类变量（或类成员）、方法、属性等定义语句组成。如果在定义类时，没想好类的具体功能，则可以在类体中直接使用 pass 语句代替。

例如，下面以大雁为例声明一个类，代码如下：

```
01  class Geese:
02      '''大雁类'''
03      pass
```

12.2.2　创建类的实例

微课视频

当类定义完成后，并不会真正创建一个实例。这就好比一辆汽车的设计图，设计图可以告诉你汽车看上去怎么样，但设计图本身不是一辆汽车，你不能开走它，它只能帮助人们制造真正的汽车，而且可以借助它制造很多辆汽车。那么如何创建实例呢？

class 语句本身并不会创建该类的任何实例。所以在类定义完成后，需要创建类的实例，即实例化该类的对象。创建类的实例的语法格式如下：

ClassName(parameterlist)

其中，ClassName 是必需参数，用于指定具体的类；parameterlist 是可选参数，当创建一个类时，如果没有创建 __init__() 方法（该方法将在 12.2.3 节中进行详细介绍），或者 __init__() 方法只有一个 self 参数，则 parameterlist 可以省略。

例如，创建 12.2.1 节中定义的 Geese 类的实例，代码如下：

```
01  wildGoose = Geese()                  # 创建 Geese 类的实例
02  print(wildGoose)
```

执行上面的代码后，将显示以下内容：

<__main__.Geese object at 0x0000000002F47AC8>

从上面的执行结果中可以看出，wildGoose 是 Geese 类的实例。

📖 学习笔记

在 Python 中，创建实例不使用 new 关键字，这是它与其他面向对象编程语言的区别。

微课视频

12.2.3　"魔术"方法——__init__()

在创建类后，类通常会自动创建一个 __init__() 方法，该方法是一个特殊的方法，类似 Java 中的构造方法。每当创建一个类的新实例时，Python 都会自动执行它。__init__() 方法必须包含一个 self 参数，并且必须是第一个参数。self 参数是一个指向实例本身的引用，用于访问类中的属性和方法。在调用方法时会自动传递实际参数 self。因此，当 __init__() 方法只有一个参数时，在创建类的实例时，就不需要指定实际参数了。

📋 学习笔记

在 __init__() 方法的名称中，开头和结尾处是两个下画线（中间没有空格），这是一种约定，旨在区分 Python 的默认方法和普通方法。

例如，下面仍然以大雁为例声明一个类，并且创建 __init__() 方法，代码如下：

```
01  class Geese:
02      ''' 大雁类 '''
03      def __init__(self):                        # 构造方法
04          print("我是大雁类！")
05  wildGoose = Geese()                            # 创建大雁类的实例
```

执行上面的代码后，将输出以下内容：

我是大雁类！

从上面的执行结果可以看出，在创建大雁类的实例时，虽然没有为 __init__() 方法指定参数，但是该方法会自动执行。

📋 学习笔记

在为 Geese 类创建 __init__() 方法时，在开发环境中执行下面的代码，将显示如图 12.1 所示的异常信息。

```
01      class Geese:
02          ''' 大雁类 '''
03          def __init__():                        # 构造方法
04              print("我是大雁类！")
05      wildGoose = Geese()                        # 创建大雁类的实例
```

解决上述错误的方法是在第 3 行代码的括号中添加 self 参数。

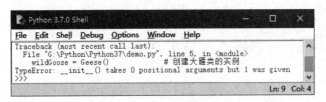

图 12.1　缺少 self 参数抛出的异常信息

在 __init__() 方法中，除了 self 参数，开发人员还可以自定义其他参数，参数之间使用逗号"，"分隔。

例如，下面的实例将在创建 __init__() 方法时，再指定 3 个参数，分别是 beak、wing 和 claw，代码如下：

```
01  class Geese:
02      '''大雁类'''
03      def __init__(self,beak,wing,claw):          # 构造方法
04          print("我是大雁类！我有以下特征：")
05          print(beak)                             # 输出喙的特征
06          print(wing)                             # 输出翅膀的特征
07          print(claw)                             # 输出爪子的特征
08  beak_1 = "喙的基部较高，长度和头部的长度几乎相等"      # 喙的特征
09  wing_1 = "翅膀长而尖"                            # 翅膀的特征
10  claw_1 = "爪子是蹼状的"                          # 爪子的特征
11  wildGoose = Geese(beak_1,wing_1,claw_1)         # 创建大雁类的实例
```

执行上面的代码后，将显示如图 12.2 所示的运行结果。

图 12.2　在创建 __init__() 方法时指定 3 个参数

微课视频

12.2.4　创建类的成员并访问

类的成员主要由实例方法和数据成员组成。在类中创建了类的成员后，可以通过类的实例进行访问。下面进行详细介绍。

1. 创建实例方法并访问

所谓实例方法，是指在类中定义的函数，该函数是一种在类的实例上操作的函数。与

__init__() 方法一样，实例方法的第一个参数必须是 self，并且必须包含一个 self 参数。创建实例方法的语法格式如下：

```
def functionName(self,parameterlist):
    block
```

参数说明如下。

- functionName：用于指定方法名，一般以小写字母开头。
- self：必需参数，表示类的实例，其名称可以是 self 以外的字符，使用 self 只是一个惯例而已。
- parameterlist：用于指定除 self 参数外的参数，各参数之间使用逗号 "," 分隔。
- block：方法体，实现的具体功能。

实例方法创建完成后，可以通过类的实例名和点 "." 操作符进行访问，语法格式如下：

```
instanceName.functionName(parametervalue)
```

参数说明如下。

- instanceName：表示类的实例名。
- functionName：表示要调用的方法名称。
- parametervalue：表示方法指定对应的实际参数，其值的个数与创建的实例方法中 parameterlist 的个数相同。

2. 创建数据成员并访问

数据成员是指在类中定义的变量，即属性，根据定义位置又可以分为类属性和实例属性。下面分别进行介绍。

（1）类属性。

类属性是指定义在类中，并且在函数体外的属性。类属性可以在类的所有实例之间共享值，也就是在所有实例化的对象中公用。

例如，定义一个 Geese 雁类，在该类中定义 3 个类属性，用于记录雁类的特征，代码如下：

```
01 class Geese:
02     ''' 雁类 '''
03     neck = " 脖子较长 "                    # 定义类属性（脖子）
04     wing = " 振翅频率高 "                  # 定义类属性（翅膀）
```

```
05      leg = " 腿位于身体的中心支点，行走自如 "        # 定义类属性（腿）
06    def __init__(self):                              # 实例方法（相当于构造方法）
07        print(" 我属于雁类！我有以下特征：")
08        print(Geese.neck)                            # 输出脖子的特征
09        print(Geese.wing)                            # 输出翅膀的特征
10        print(Geese.leg)                             # 输出腿的特征
```

创建 Geese 雁类的实例，代码如下：

```
geese = Geese()                                        # 实例化一个雁类的对象
```

执行上面的代码后，将显示以下内容：

```
我是雁类！我有以下特征：
脖子较长
振翅频率高
腿位于身体的中心支点，行走自如
```

（2）实例属性。

实例属性是指定义在类的方法中的属性，只作用于当前实例中。

例如，定义一个 Geese 雁类，在该类的 __init__() 方法中定义 3 个实例属性，用于记录雁类的特征，代码如下：

```
01  class Geese:
02      ''' 雁类 '''
03      def __init__(self):                            # 实例方法（相当于构造方法）
04          self.neck = " 脖子较长 "                    # 定义实例属性（脖子）
05          self.wing = " 振翅频率高 "                  # 定义实例属性（翅膀）
06          self.leg = " 腿位于身体的中心支点，行走自如 " # 定义实例属性（腿）
07          print(" 我属于雁类！我有以下特征：")
08          print(self.neck)                           # 输出脖子的特征
09          print(self.wing)                           # 输出翅膀的特征
10          print(self.leg)                            # 输出腿的特征
```

创建 Geese 雁类的实例，代码如下：

```
geese = Geese()                                        # 实例化一个雁类的对象
```

执行上面的代码后，将显示以下内容：

```
我是雁类！我有以下特征：
脖子较长
振翅频率高
腿位于身体的中心支点，行走自如
```

开发人员可以通过实例名修改实例属性，与类属性不同，通过实例名修改实例属性后，并不影响该类其他实例中相应的实例属性的值。例如，定义一个雁类，并在 __init__() 方法中定义一个实例属性，然后创建两个 Geese 雁类的实例，并且修改第一个实例的实例属性，最后分别输出定义的实例属性，代码如下：

```
01 class Geese:
02     ''' 雁类 '''
03     def __init__(self):                        # 实例方法（相当于构造方法）
04         self.neck = "脖子较长 "                  # 定义实例属性（脖子）
05         print(self.neck)                       # 输出脖子的特征
06 goose1 = Geese()                               # 创建 Geese 雁类的实例 1
07 goose2 = Geese()                               # 创建 Geese 雁类的实例 2
08 goose1.neck = "脖子没有天鹅的长 "                 # 修改实例属性
09 print("goose1 的 neck 属性: ",goose1.neck)
10 print("goose2 的 neck 属性: ",goose2.neck)
```

执行上面的代码后，将显示以下内容：

```
脖子较长
脖子较长
goose1 的 neck 属性:  脖子没有天鹅的长
goose2 的 neck 属性:  脖子较长
```

12.2.5　访问限制

微课视频

在类的内部可以定义属性和方法，而在类的外部则可以直接调用属性或方法来操作数据，从而隐藏了类内部的复杂逻辑。但是 Python 并没有对属性和方法的访问权限进行限制。为了保证类内部的某些属性或方法不被外部访问，可以在属性或方法名前面添加单下画线（_foo）、双下画线（__foo）或在首尾添加双下画线（__foo__），从而限制访问权限。其中，单下画线、双下画线、首尾双下画线的作用如下。

- _foo：以单下画线开头的表示 protected（保护）类型的成员，只允许类本身和子类访问。

例如，创建一个 Swan 类，定义保护属性 _neck_swan，并在 __init__() 方法中访问该属性，然后创建 Swan 类的实例，通过实例名输出保护属性 _neck_swan，代码如下：

```
01 class Swan:
02     ''' 天鹅类 '''
03     _neck_swan = '天鹅的脖子很长 '                 # 定义私有属性
04     def __init__(self):
05 # 在实例方法中访问私有属性
06         print("__init__():", Swan._neck_swan)
07 swan = Swan()                                  # 创建 Swan 类的实例
```

```
08  print(" 直接访问 :" , swan._neck_swan)     # 保护属性可以通过实例名访问
```

执行上面的代码后，将显示以下内容：

__init__()：天鹅的脖子很长
直接访问：天鹅的脖子很长

从上面的执行结果可以看出：保护属性可以通过实例名访问。

- __foo：双下画线表示 private（私有）类型的成员，只允许定义该方法的类本身访问，而且不能通过类的实例访问，但是可以通过"实例名._类名__xxx"的方式访问。

例如，创建一个 Swan 类，定义私有属性 __neck_swan，并在 __init__() 方法中访问该属性，然后创建 Swan 类的实例，并通过实例名输出私有属性 __neck_swan，代码如下：

```
01  class Swan:
02      ''' 天鹅类 '''
03      __neck_swan = ' 天鹅的脖子很长 '              # 定义私有属性
04      def __init__(self):
05          print("__init__():", Swan.__neck_swan)  # 在实例方法中访问私有属性
06  swan = Swan()                                   # 创建 Swan 类的实例
07  # 私有属性，可以通过"实例名._类名__xxx"的方式访问
08  print(" 加入类名 :" , swan._Swan__neck_swan)
09  # 私有属性，不能通过实例名访问，否则会出错
10  print(" 直接访问 :" , swan.__neck_swan)
```

执行上面的代码后，将显示如图 12.3 所示的运行结果。

图 12.3 访问私有属性

📋学习笔记

从上面的执行结果可以看出：私有属性可以通过"类名.属性名"的方式访问，也可以通过"实例名._类名__xxx"的方式访问，但是不能直接通过"实例名.属性名"的方式访问。

- __foo__：首尾双下画线表示定义特殊方法，一般是 Python 的内部名字，如 __init__()。

12.3　属性

Python 中的属性是对普通方法的衍生。操作类属性主要包括使用 @property（装饰器）操作类属性、使用类或实例直接操作类属性和使用 Python 内置函数操作类属性 3 种方法，下面主要介绍使用 @property（装饰器）操作类属性的方法。

12.3.1　创建用于计算的属性

微课视频

在 Python 中，可以通过 @property（装饰器）将一个方法转换为属性，从而实现用于计算的属性。将方法转换为属性后，可以直接通过方法名来访问，而不需要再添加一对小括号 "()"，这样可以使代码更加简洁。

通过 @property 创建用于计算的属性的语法格式如下：

```
@property
def methodname(self):
    block
```

参数说明如下。

- methodname：用于指定方法名，一般以小写字母开头，该名称最后将作为属性名。
- self：必需参数，表示类的实例。
- block：方法体，实现的具体功能。在方法体中，通常以 return 语句结束，用于返回计算结果。

例如，首先定义一个矩形类，在 __init__() 方法中定义两个实例属性，然后定义一个计算矩形面积的方法，并使用 @property 将其转换为属性，最后创建类的实例，并访问转换后的属性，代码如下：

```
01  class Rect:
02      def __init__(self,width,height):
03          self.width = width              # 矩形的宽
04          self.height = height            # 矩形的高
05      @property                           # 将方法转换为属性
06      def area(self):                     # 计算矩形面积的方法
07          return self.width*self.height   # 返回矩形的面积
08  rect = Rect(800,600)                    # 创建类的实例
```

```
09  print(" 面积为: ",rect.area)                          # 输出属性的值·
```

执行上面的代码后，将显示以下内容：

面积为： 480000

12.3.2　为属性添加安全保护机制

在默认情况下，用户在 Python 中创建的类属性或实例是可以在类体外被修改的。如果想要限制其不能在类体外修改，则可以将其设置为私有的，但是设置为私有后，在类体外也不能获取它的值。如果想要创建一个可以读取，但不能修改的属性，则可以使用 @property 实现只读属性。

例如，创建一个电视节目类 TVshow，再创建一个 show 属性，用于显示当前播放的电视节目，代码如下：

```
01  class TVshow:    # 定义电视节目类
02      def __init__(self,show):
03          self.__show = show
04      @property                                        # 将方法转换为属性
05      def show(self):                                  # 定义 show() 方法
06          return self.__show                           # 返回私有属性的值
07  tvshow = TVshow(" 正在播放《战狼 2》")                 # 创建类的实例
08  print(" 默认: ",tvshow.show)                         # 获取属性值
```

执行上面的代码后，将显示以下内容：

默认：　正在播放《战狼 2》

上面的代码创建的 show 属性是只读的，尝试修改该属性的值，再重新获取。在上面代码的下方添加以下代码：

```
01  tvshow.show = " 正在播放《红海行动》"                  # 修改属性值
02  print(" 修改后: ",tvshow.show)                       # 获取属性值
```

执行上面的代码后，将显示如图 12.4 所示的运行结果。其中的异常就是在修改属性 show 时抛出的。

图 12.4　修改只读属性时抛出的异常

📋 学习笔记

> 通过 @property 不仅可以将属性设置为只读属性，而且可以为属性设置拦截器，即允许对属性进行修改，但修改时需要遵守一定的规则。

12.4　继承

在面向对象程序设计中，继承的实体是类。也就是说，继承是子类拥有父类的成员。通过继承可以实现代码的重复使用，提高程序的可维护性。

12.4.1　继承的基本语法

微课视频

继承是面向对象编程重要的特性，它源于人们认识客观世界的过程，是自然界普遍存在的一种现象。例如，我们每一个人都从祖辈和父母那里继承了一些体貌特征，但是每个人又不同于父母，因为每个人身上都存在自己的一些特征，这些特征是独有的，在父母身上并没有体现。在程序设计中实现继承，表示这个类拥有它继承的类的所有公有成员或者受保护成员。在面向对象编程中，被继承的类称为父类或基类，新的类称为子类或派生类。

通过继承不仅可以实现代码的重复使用，还可以通过继承来理顺类与类之间的关系。在 Python 中，可以在类定义语句的类名右侧使用一对小括号将要继承的基类名称括起来，从而实现类的继承。具体的语法格式如下：

```
class ClassName(baseclasslist):
    ''' 类的帮助信息 '''              # 类文档字符串
    statement                      # 类体
```

参数说明如下。

- ClassName：用于指定类名。

- baseclasslist：用于指定要继承的基类，可以有多个，类名之间使用逗号 "," 分隔。如果不指定该参数，则使用所有 Python 对象的根类 object。

- "' 类的帮助信息 '"：用于指定类的文档字符串，定义该字符串后，在创建类的对象时，输入类名和左侧的括号 "(" 后，将显示该类的信息。

- statement：表示类体，主要由类变量（或类成员）、方法、属性等定义语句组成。如果在定义类时，没有想好类的具体功能，则可以在类体中直接使用 pass 语句代替。

12.4.2　方法重写

微课视频

基类的成员都会被派生类继承，当基类中的某个方法不完全适用于派生类时，就需要在派生类中重写父类的这个方法，这和 Java 中的方法重写是一样的。

例如，定义一个 Fruit 水果基类，在该类中定义一个 harvest() 方法，无论派生类是什么水果都将显示"水果……"，如果想要针对不同水果给出不同的提示，则可以在派生类中重写 harvest() 方法。例如，在创建派生类 Orange 时，重写 harvest() 方法，代码如下：

```
01 class Fruit:                                    # 定义水果类（基类）
02     color = "绿色"                               # 定义类属性
03     def harvest(self, color):
04         print("水果是：" + color + "的！")           # 输出的是形式参数 color
05         print("水果已经收获……")
06         # 输出的是类属性 color
07         print("水果原来是：" + Fruit.color + "的！");
08 class Orange(Fruit):                             # 定义橘子类（派生类）
09     color = "橙色"
10     def __init__(self):
11         print("\n 我是橘子")
12     def harvest(self, color):
13         print("橘子是：" + color + "的！")# 输出的是形式参数 color
14         print("橘子已经收获……")
15         # 输出的是类属性 color
16         print("橘子原来是：" + Fruit.color + "的！");
```

12.4.3　派生类中调用基类的 __init__() 方法

微课视频

在派生类中定义 __init__() 方法时，不会自动调用基类的 __init__() 方法。例如，首先定义一个 Fruit 类，在 __init__() 方法中创建类属性 color，然后在 Fruit 类中定义一个 harvest() 方法，在该方法中输出类属性 color 的值，接着创建继承自 Fruit 类的 Apple 类，最后创建 Apple 类的实例，并调用 harvest() 方法，代码如下：

```
01 class Fruit:                                    # 定义水果类（基类）
02     def __init__(self,color = "绿色"):
```

```
03        Fruit.color = color                      # 定义类属性
04    def harvest(self):
05        # 输出的是类属性color
06        print("水果原来是: " + Fruit.color + "的! ");
07 class Apple(Fruit):                             # 定义苹果类（派生类）
08    def __init__(self):
09        print("我是苹果")
10 apple = Apple()                                 # 创建类的实例（苹果）
11 apple.harvest()                                 # 调用基类的harvest()方法
```

执行上面的代码后，将显示如图 12.5 所示的异常。

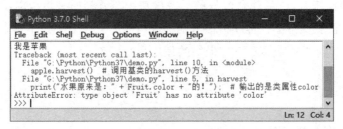

图 12.5　基类的 __init__() 方法未执行引起的异常

📋 学习笔记

在派生类中使用基类的 __init__() 方法，必须进行初始化，即需要在派生类中使用 super() 函数调用基类的 __init__() 方法。例如，在上面 09 行代码的下方添加以下代码：

```
super().__init__()                               # 调用基类的 __init__() 方法
```

第 13 章 模　　块

Python 提供了强大的模块支持，主要体现为不仅在 Python 标准库中包含了大量的模块（又称为标准模块），而且还有很多第三方模块，另外程序员也可以创建自定义模块。通过这些强大的模块支持会使程序员极大地提高程序的开发效率。本章先介绍如何创建自定义模块，再介绍标准模块和第三方模块的使用。

13.1　模块概述

微课视频

在 Python 中，一个扩展名为 ".py" 的文件就称为一个模块。在通常情况下，我们把能够实现某一特定功能的代码存储在一个文件中作为一个模块，从而方便其他程序和脚本导入并使用。另外，使用模块也可以避免函数名和变量名冲突。

通过前面的学习，我们知道 Python 代码可以写在一个文件中。但是随着程序不断变大，为了便于维护，需要将其分为多个文件，这样可以提高代码的可维护性。另外，使用模块还可以提高代码的可重用性，即编写好一个模块后，只要是实现该功能的程序，都可以导入这个模块来实现。

13.2　自定义模块

创建模块是指将模块中相关的代码（变量定义和函数定义等）编写在一个单独的文件中，并且将该文件命名为 "模块名 +.py" 的形式，也就是说，创建模块实际就是创建一个 ".py" 文件。

- 在创建模块时，设置的模块名尽量不要与 Python 自带的标准模块名相同。
- 模块文件的扩展名必须是 ".py"。

13.2.1 使用 import 语句导入模块

微课视频

创建模块后，就可以在其他程序中使用该模块了。要使用模块需要先以模块的形式加载模块中的代码，可以使用 import 语句实现。import 语句的语法格式如下：

```
import modulename [as alias]
```

其中，modulename 表示要导入的模块的名称；[as alias] 表示给模块起的别名，通过该别名也可以使用模块。

例如，导入一个名称为 test 的模块，并执行该模块中的 getInfo() 函数，代码如下：

```
01  import test                    # 导入 test 模块
02  test.getInfo()                 # 执行模块中的 getInfo() 函数
```

📖 学习笔记

- 在调用模块中的变量、函数或类时，需要在变量名、函数名或类名前添加"模块名."作为前缀。例如，上面代码中的 test.getInfo()，则表示调用 test 模块中的 getInfo() 函数。
- 如果模块名比较长且不容易记住，可以在导入模块时，使用 as 关键字为其设置一个别名，然后就可以通过这个别名调用模块中的变量、函数和类。例如，将上面导入模块的代码修改为以下内容：

  ```
  import bmi as m                          # 导入 bmi 模块并设置别名为 m
  ```
- 在调用 bmi 模块中的 fun_bmi() 函数时，可以使用如下代码：

  ```
  m.fun_bmi("尹一伊",1.75,120)            # 执行模块中的 fun_bmi() 函数
  ```

使用 import 语句还可以一次导入多个模块，在导入多个模块时，模块名之间使用逗号","分隔。例如，分别创建 test.py、tips.py 和 differenttree.py 3 个模块文件，想要将这 3 个模块全部导入，可以使用如下代码：

```
import test,tips,differenttree
```

13.2.2　使用 from…import 语句导入模块

在使用 import 语句导入模块时，每执行一条 import 语句都会创建一个新的命名空间（Namespace），并且在该命名空间中执行与 ".py" 文件相关的所有语句。在执行时，需要在具体的变量、函数和类名前添加 "模块名." 前缀。如果不想在每次导入模块时都创建一个新的命名空间，而是将具体的定义导入当前的命名空间中，这时可以使用 from…import 语句。使用 from…import 语句导入模块后，不需要添加前缀，直接通过具体的变量、函数、类名等访问即可。

📋 **学习笔记**

> 命名空间可以理解为记录对象名字和对象之间对应关系的空间。目前 Python 的命名空间大部分都是通过字典（dict）来实现的。其中，key 是标识符，value 是具体的对象。例如，key 是变量的名字，value 则是变量的值。

from…import 语句的语法格式如下：

```
from modelname import member
```

参数说明如下。

- modelname：模块名称，区分字母大小写，需要和定义模块时设置的模块名称保持一致。

- member：用于指定要导入的变量、函数、类等。可以同时导入多个定义，各个定义之间使用逗号 ","分隔。如果想要导入全部定义，则可以使用通配符 "*"代替。

📋 **学习笔记**

> 在导入模块时，如果使用通配符 "*"导入全部定义后，想要查看具体导入了哪些定义，可以通过显示 dir() 函数的值来查看。例如，执行 print(dir()) 语句后将显示类似下面的内容：
>
> ```
> ['__annotations__', '__builtins__', '__doc__', '__file__', '__loader__', '__name__', '__package__', '__spec__', 'change', 'getHeight', 'getWidth']
> ```

其中，change、getHeight 和 getWidth 就是我们导入的定义。

例如，通过下面的 3 条语句可以从模块中导入指定的定义，代码如下：

```
01  from test import getInfo                # 导入 test 模块中的 getInfo() 函数
```

```
02  # 导入 test 模块中的 getInfo 函数 () 和 showInfo() 函数
03  from test import getInfo,showInfo
04  from test import *              # 导入 test 模块中的全部定义（包括变量和函数）
```

学习笔记

在使用 from…import 语句导入模块中的定义时，需要保证所导入的内容在当前的命名空间中是唯一的，否则会出现冲突，后导入的同名变量、函数或类会覆盖先导入的，这时就需要使用 import 语句导入。

13.2.3　模块搜索目录

微课视频

当使用 import 语句导入模块时，在默认情况下，会按照以下顺序进行查找。

（1）在当前目录（即执行的 Python 脚本文件所在目录）下查找。

（2）到 PYTHONPATH（系统环境变量）下的每个目录中查找。

（3）到 Python 的默认安装目录下查找。

以上各个目录保存在标准模块 sys 的 sys.path 属性中，可以通过以下代码输出具体的目录：

```
01  import sys                      # 导入标准模块 sys
02  print(sys.path)                 # 输出具体目录
```

例如，在 IDLE 窗口中，执行上面的代码后，将显示如图 13.1 所示的结果。

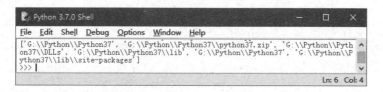

图 13.1　在 IDLE 窗口中查看具体目录

如果想要导入的模块不在如图 13.1 所示的目录中，那么在导入模块时，将显示如图 13.2 所示的异常。

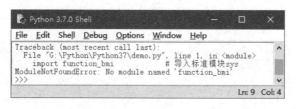

图 13.2　找不到要导入的模块时抛出的异常

学习笔记

当使用 import 语句导入模块时，模块名是区分字母大小写的。

这时，我们可以通过以下 3 种方法添加指定的目录到 sys.path 中。

1. 临时添加

临时添加，即在导入模块的 Python 文件中添加目录。例如，将"E:\program\Python\Code\demo"目录添加到 sys.path 中，代码如下：

```
01  import sys                    # 导入标准模块 sys
02  sys.path.append('E:/program/Python/Code/demo')
```

执行上面的代码后，再输出 sys.path 的值，将得到以下内容：

```
['E:\\program\\Python\\Code', 'G:\\Python\\Python37\\python37.zip',
'G:\\Python\\Python37\\DLLs', 'G:\\Python\\Python37\\lib', 'G:\\Python\\
Python37', 'G:\\Python\\Python37\\lib\\site-packages', 'E:/program/Python/
Code/demo']
```

学习笔记

通过临时添加方法添加的目录只在执行当前文件的窗口中有效，窗口关闭后则失效。

2. 增加".pth"文件（推荐）

在 Python 安装目录的"Lib\site-packages"子目录下（例如，Python 安装在"G:\Python\Python37"目录下，那么该路径为"G:\Python\Python37\Lib\site-packages）"，创建一个扩展名为 .pth 的文件，可以任意命名文件名。这里创建一个 mrpath.pth 文件，在该文件中添加要导入的模块所在的目录。例如，将模块目录"E:\program\Python\Code\demo"添加到 mrpath.pth 文件，代码如下：

```
01  # .pth 文件是创建的路径文件
02  E:\program\Python\Code\demo
```

学习笔记

创建 .pth 文件后，需要重新打开要执行的导入模块的 Python 文件，否则新添加的目录不起作用。

3. 在 PYTHONPATH 系统环境变量中添加

打开"环境变量"对话框，如果没有 PYTHONPATH 系统环境变量，则需要先创建一个 PYTHONPATH 系统环境变量，直接选中 PYTHONPATH 系统环境变量，单击"编辑"按钮，弹出"新建系统变量"对话框，在该对话框的"变量值"文本框中添加新的模块目录。例如，创建 PYTHONPATH 系统环境变量，并指定模块所在目录为"E:\program\Python\Code\demo;"，效果如图 13.3 所示。

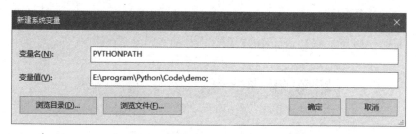

图 13.3　在环境变量中添加 PYTHONPATH 系统环境变量

学习笔记

在环境变量中添加模块目录后，需要重新打开要执行的导入模块的 Python 文件，否则新添加的目录不起作用。

13.3　以主程序的形式执行

微课视频

创建一个模块，名称为 christmastree，在该模块中，首先定义一个全局变量，然后创建一个名称为 fun_christmastree() 的函数，最后通过 print() 函数输出一些内容，代码如下：

```
01  pinetree = '我是一棵松树'                        # 定义一个全局变量（松树）
02  def fun_christmastree():                         # 定义函数
03      '''功能：一个梦
04          无返回值
05      '''
06      pinetree = '挂上彩灯、礼物……我变成一棵圣诞树 @^.^@ \n'  # 定义局部变量
07      print(pinetree)                             # 输出局部变量的值
08  # ***************************** 函数体外 *****************************#
09  print('\n 下雪了……\n')
10  print('=============== 开始做梦…… =============\n')
11  fun_christmastree()                             # 调用函数
```

```
12  print('============== 梦醒了…… ==============\n')
13  pinetree = '我身上落满雪花, ' + pinetree + ' -_- '    # 为全局变量赋值
14  14 print(pinetree)                                   # 输出全局变量的值
```

在与 christmastree 模块同级的目录下，创建一个名称为 main.py 的文件，在该文件中导入 christmastree 模块，再通过 print() 语句输出 christmastree 模块中的全局变量 pinetree 的值，代码如下：

```
01  import christmastree                      # 导入 christmastree 模块
02  print('全局变量的值为: ',christmastree.pinetree)
```

执行上面的代码后，将显示如图 13.4 所示的内容。

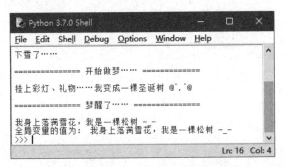

图 13.4　输出模块中定义的全局变量的值

从如图 13.4 所示的执行结果中可以看出，导入模块后，不仅输出了全局变量的值，而且模块中原有的测试代码也被执行了。这个结果显然不是我们想要的。那么如何只输出全局变量的值呢？答案是，可以在模块中，将原本直接执行的测试代码放在一个 if 语句中。因此，可以将模块 christmastree 的代码修改为以下内容：

```
01  pinetree = '我是一棵松树'                         # 定义一个全局变量（松树）
02  def fun_christmastree():                          # 定义函数
03      '''功能: 一个梦
04          无返回值
05      '''
06      # 定义局部变量
07      pinetree = '挂上彩灯、礼物……我变成一棵圣诞树 @^.^@ \n'
08      print(pinetree)                               # 输出局部变量的值
09  # ************************* 判断是否以主程序的形式执行 *******************
10  ***#
11  if __name__ == '__main__':
12      print('\n 下雪了……\n')
13      print('============== 开始做梦…… ==============\n')
14      fun_christmastree()                           # 调用函数
15      print('============== 梦醒了…… ==============\n')
```

```
16      pinetree = '我身上落满雪花，' + pinetree + ' -_- '      # 为全局变量赋值
17      print(pinetree)                                        # 输出全局变量的值
```

再次执行导入模块的 main.py 文件，将显示如图 13.5 所示的结果。从执行结果中可以看出，测试代码并没有执行。

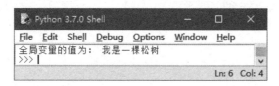

图 13.5　在模块中加入是否以主程序的形式执行的判断

此时，如果执行 christmastree.py 文件，将显示如图 13.6 所示的结果。

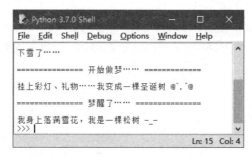

图 13.6　以主程序的形式执行的结果

📋 **学习笔记**

在每个模块的定义中都包括一个记录模块名称的 __name__ 变量，程序可以检查该变量，以确定该变量在哪个模块中执行。如果一个模块不是被导入其他程序中执行的，那么 __name__ 变量可能在解释器的顶级模块中执行。顶级模块的 __name__ 变量的值为 __main__ 。

13.4　Python 中的包

使用模块可以避免函数名和变量名重名引发的冲突。那么，如果模块名重复，应该怎么办呢？在 Python 中，提出了包（Package）的概念。包是一个分层的目录结构，它将一组功能相近的模块组织在一个目录下。这样，既可以起到规范代码的作用，又能避免模块

名重名引起的冲突。

📋 学习笔记

> 包简单理解就是"文件夹"，只不过在该文件夹下必须存在一个名称为"__init__.py"的文件。

13.4.1　Python 程序的包结构

微课视频

在实际项目开发时，在通常情况下，会创建多个包用于存储不同类的文件。例如，开发一个网站时，可以创建如图 13.7 所示的包结构。

图 13.7　一个 Python 项目的包结构

📋 学习笔记

> 在图 13.7 中，首先创建一个名称为 shop 的项目，然后在该项目下创建了 admin、home 和 templates 3 个包和一个 manage.py 文件，最后在每个包中，创建了相应的模块。

13.4.2　创建和使用包

微课视频

下面将分别介绍如何创建包和使用包。

1. 创建包

创建包实际上就是创建一个文件夹，并且在该文件夹中创建一个名称为"__init__.py"的 Python 文件。在 __init__.py 文件中，可以不编写任何代码，也可以编写一些 Python 代码。在 __init__.py 文件中所编写的代码，在导入包时会自动执行。

学习笔记

> __init__.py 文件是一个模块文件，模块名为对应的包名。例如，在 settings 包中创建的 __init__.py 文件，对应的模块名为 settings。

例如，在 E 盘根目录下，创建一个名称为 settings 的包，可以按照以下步骤进行创建。

（1）在计算机的 E 盘根目录下，创建一个名称为 settings 的文件夹。

（2）在 IDLE 中，创建一个名称为"__init__.py"的文件，保存在"E:\settings"文件夹中，并且在该文件中不编写任何内容，然后返回资源管理器中，效果如图 13.8 所示。

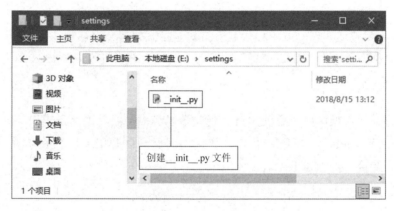

图 13.8　创建 __init__.py 文件后的效果

至此，名称为 settings 的包创建完毕，之后就可以在该包中创建所需的模块了。

2. 使用包

创建包以后，就可以在包中创建相应的模块了，然后使用 import 语句从包中加载模块。从包中加载模块通常有以下 3 种方式。

● 通过"import+ 完整包名 . 模块名"方式加载指定模块。

"import+ 完整包名 . 模块名"方式是指假如有一个名称为 settings 的包，在该包下有一个名称为 size 的模块，要导入 size 模块，可使用如下代码：

```
    import settings.size
```

通过该方式导入模块后，在使用时需要使用完整的名称。例如，在已经创建的 settings 包中创建一个名称为 size 的模块，并且在该模块中定义两个变量，代码如下：

```
01  width = 800                                    # 宽度
02  height = 600                                   # 高度
```

这时，通过"import + 完整包名 . 模块名"方式导入 size 模块后，在调用 width 变量变量和 height 变量时，就需要在变量名前添加"settings.size."前缀，代码如下：

```
01  import settings.size                    # 导入 settings 包下的 size 模块
02  if __name__=='__main__':
03      print('宽度: ',settings.size.width)
04      print('高度: ',settings.size.height)
```

执行上面的代码后，将显示以下内容：

```
    宽度:  800
    高度:  600
```

● 通过"from + 完整包名 + import + 模块名"方式加载指定模块。

"from + 完整包名 + import + 模块名"方式是指假如有一个名称为 settings 的包，在该包下有一个名称为 size 的模块，要导入 size 模块，可使用如下代码：

```
    from settings import size
```

通过该方式导入模块后，在使用时不需要带包前缀，但是需要带模块名。例如，通过"from+ 完整包名 +import+ 模块名"方式导入上面已经创建的 size 模块，并且调用 width 变量和 height 变量，代码如下：

```
01  from settings import size               # 导入 settings 包下的 size 模块
02  if __name__=='__main__':
03      print('宽度: ',size.width)
04      print('高度: ',size.height)
```

执行上面的代码后，将显示以下内容：

```
    宽度:  800
    高度:  600
```

● 通过"from + 完整包名 . 模块名 + import + 定义名"方式加载指定模块。

"from + 完整包名 . 模块名 + import + 定义名"方式是指假如有一个名称为 settings 的包，在该包下有一个名称为 size 的模块，要导入 size 模块中的 width 变量和 height 变量，可使用如下代码：

```
from settings.size import width,height
```

通过该方式导入模块的函数、变量或类后，在使用时直接使用函数名、变量名或类名即可。例如，想通过"from+ 完整包名 . 模块名 +import+ 定义名"方式导入上面已经创建的 size 模块的 width 变量和 height 变量，并输出，就可以通过下面的代码实现：

```
01  # 导入 settings 包下 size 模块中的 width 变量和 height 变量
02  from settings.size import width,height
03  if __name__=='__main__':
04      print(' 宽度: ', width)                    # 输出宽度
05      print(' 高度: ', height)                   # 输出高度
```

执行上面的代码后，将显示以下内容：

```
宽度： 800
高度： 600
```

学习笔记

在通过"from + 完整包名 . 模块名 + import + 定义名"方式加载指定模块时，可以使用"*"代替定义名，表示加载该模块下的全部定义。

13.5　引用其他模块

微课视频

在 Python 中，除了可以自定义模块，还可以引用其他模块，主要包括使用标准模块和第三方模块两种方式。

13.5.1　导入和使用标准模块

在 Python 中，自带了很多实用的模块，称为标准模块（也可以称为标准库），对于标准模块，我们可以直接使用 import 语句将其导入 Python 文件中使用。

例如，导入标准模块 random（用于生成随机数），代码如下：

```
import random                        # 导入标准模块 random
```

导入标准模块后，可以通过模块名调用其提供的函数。例如，在导入 random 模块后，就可以调用 randint() 函数生成一个指定范围的随机整数。生成一个 0 ～ 10 之间（包括 0 和

10）的随机整数的代码如下：

```
01  import random                      # 导入标准模块 random
02  print(random.randint(0,10))        # 输出 0 ～ 10（包括 0 和 10）之间的随机整数
```

执行上面的代码后，将输出 0 ～ 10（包括 0 和 10）之间的随机整数。

除了 random 模块，Python 还提供了 200 多个内置的标准模块，涵盖了 Python 运行时服务、文字模式匹配、操作系统接口、数学运算、对象永久保存、网络和 Internet 脚本、GUI 建构等方面。Python 常用的内置标准模块及其说明，如表 13.1 所示。

表 13.1　Python 常用的内置标准模块及说明

模 块 名	说　　明
sys	与 Python 解释器及其环境操作相关的标准库
time	提供与时间相关的各种函数的标准库
os	提供了访问操作系统服务功能的标准库
calendar	提供与日期相关的各种函数的标准库
urllib	用于读取来自网络中（服务器上）的数据的标准库
json	用于使用 JSON 序列化和反序列化对象
re	用于在字符串中执行正则表达式匹配和替换
math	提供标准算术运算函数的标准库
decimal	用于精确控制运算精度、有效数位和四舍五入操作的十进制运算
shutil	用于进行高级文件操作，如复制、移动、重命名等
logging	提供了灵活的记录事件、错误、警告、调试信息等日志信息的功能
tkinter	提供了使用 Python 进行 GUI 编程的标准库

13.5.2　第三方模块的下载与安装

在进行 Python 程序开发时，除了可以使用 Python 内置的标准模块，还有很多第三方模块可以使用。对于这些第三方模块，可以在 Python 官方网站中找到。

在使用第三方模块时，需要先下载并安装该模块，然后就可以像使用标准模块一样导入并使用了。本节主要介绍如何下载和安装第三方模块。下载和安装第三方模块可以使用 Python 提供的 pip 命令实现。pip 命令的语法格式如下：

```
pip <command> [modulename]
```

参数说明如下。

- command：用于指定要执行的命令。常用的参数值有 install（用于安装第三方模块）、uninstall（用于卸载已经安装的第三方模块）、list（用于显示已经安装的第三方模块）等。

- modulename：可选参数，用于指定要安装或卸载的模块名，当 command 的值为 install 或 uninstall 时，不能省略可选参数。

例如，安装第三方 numpy 模块（用于科学计算），可以在"命令提示符"窗口中输入以下代码：

```
pip install numpy
```

执行上面的代码后，将在线安装 numpy 模块，安装完成后，将显示如图 13.9 所示的结果。

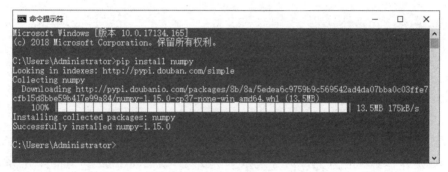

图 13.9　在线安装 numpy 模块后的结果

第 14 章　进程和线程

进程（Process）是计算机中已运行程序的实体。进程与程序不同，程序本身只是指令、数据及其组织形式的描述，进程才是程序（指令和数据）的真正运行实例。例如，在没有打开 QQ 时，QQ 只是程序。打开 QQ 后，操作系统就为 QQ 开启了一个进程。再打开一个 QQ，则又开启了一个进程。

14.1　创建进程的常用方式

微课视频

在 Python 中有多种方式可以创建进程，比较常用的有 os.fork() 函数、multiprocessing 模块和 Pool 进程池。由于 os.fork() 函数只适用于 UNIX、Linux、Mac 操作系统，在 Windows 操作系统中不可用，所以本节重点介绍 multiprocessing 模块和 Pool 进程池两种跨平台方式。

14.1.1　使用 multiprocessing 模块创建进程

multiprocessing 模块提供了一个 Process 类来代表一个进程对象，语法格式如下：

```
Process([group [, target [, name [, args [, kwargs]]]]])
```

参数说明如下。

- group：当参数未使用时，值始终为 None。
- target：表示当前进程启动时执行的可调用对象。
- name：表示当前进程实例的别名。
- args：表示传递给 target 参数的元组。
- kwargs：表示传递给 target 参数的字典。

例如，实例化 Process 类，执行子进程，代码如下：

```
01  from multiprocessing import Process          # 导入模块
02
03  # 执行子进程代码
04  def test(interval):
05      print('我是子进程')
06  # 执行主程序
07  def main():
08      print('主进程开始')
09      p = Process(target=test,args=(1,))        # 实例化 Process 进程类
10      p.start()                                 # 启动子进程
11      print('主进程结束')
12
13  if __name__ == '__main__':
14      main()
```

运行结果如下：

```
主进程开始
主进程结束
```

📋 **学习笔记**

由于 IDLE 自身的问题，执行上述代码时，不会输出子进程的内容，所以可以使用命令行方式执行 Python 代码，即在文件目录下，用"python + 文件名"方式，如图 14.1 所示。

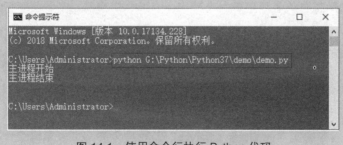

图 14.1　使用命令行执行 Python 代码

在上面的代码中，首先实例化 Process 类，然后使用 p.start() 方法启动子进程，开始执行 test() 函数。实例化 Process 类除了可以使用 p.start() 方法，还可以使用如下几种方法。

- is_alive()：判断进程实例是否还在执行。

- join([timeout])：是否等待进程实例执行结束，或者等待多少秒。

- start()：启动进程实例（创建子进程）。

- run()：如果没有指定 target 参数，当对这个对象调用 start() 方法时，则会执行对象中的 run() 方法。

- terminate()：不管任务是否完成，立即终止。

Process 类具有如下常用属性。

- name：当前进程实例别名，默认为 Process-N，N 为从 1 开始递增的整数。

- pid：当前进程实例的 PID 值。

下面通过一个简单示例演示 Process 类的方法和属性的使用。创建两个子进程，分别使用 os 模块和 time 模块输出父进程和子进程的 ID 及子进程的时间，并调用 Process 类的 name 和 pid 属性，代码如下：

```
01  # -*- coding:utf-8 -*-
02  from multiprocessing import Process
03  import time
04  import os
05
06  # 两个子进程将会调用的两个方法
07  def  child_1(interval):
08      print(" 子进程（%s）开始执行，父进程为（%s）" % (os.getpid(),
09      os.getppid()))
10      t_start = time.time()        # 计时开始
11      time.sleep(interval)         # 程序将会被挂起 interval 秒
12      t_end = time.time()          # 计时结束
13      print(" 子进程（%s）执行时间为 '%0.2f' 秒 "%(os.getpid(),t_end - t_start))
14
15  def  child_2(interval):
16      print(" 子进程（%s）开始执行，父进程为（%s）" % (os.getpid(),
17      os.getppid()))
18      t_start = time.time()        # 计时开始
19      time.sleep(interval)         # 程序将会被挂起 interval 秒
20      t_end = time.time()          # 计时结束
21      print(" 子进程（%s）执行时间为 '%0.2f' 秒 "%(os.getpid(),t_end - t_start))
22
23  if __name__ == '__main__':
24      print("------ 父进程开始执行 -------")
25      print(" 父进程 PID: %s" % os.getpid())              # 输出当前程序的 PID
26      p1=Process(target=child_1,args=(1,))              # 实例化进程 p1
27      p2=Process(target=child_2,name="mrsoft",args=(2,))    # 实例化进程 p2
28      p1.start()                                        # 启动进程 p1
29      p2.start()                                        # 启动进程 p2
30      # 同时父进程仍然往下执行，如果 p2 进程还在执行，则会返回 True
31      print("p1.is_alive=%s"%p1.is_alive())
```

```
32        print("p2.is_alive=%s"%p2.is_alive())
33        # 输出 p1 和 p2 进程的别名及 PID
34        print("p1.name=%s"%p1.name)
35        print("p1.pid=%s"%p1.pid)
36        print("p2.name=%s"%p2.name)
37        print("p2.pid=%s"%p2.pid)
38        print("------ 等待子进程 -------")
39        p1.join()                              # 等待 p1 进程结束
40        p2.join()                              # 等待 p2 进程结束
41        print("------ 父进程执行结束 -------")
```

在上面的代码中，当第一次实例化 Process 类时，会为 name 属性默认赋值为"Process-1"，第二次则默认赋值为"Process-2"，但是由于在实例化进程 p2 时，设置了 name 属性为"mrsoft"，所以 p2.name 的值为"mrsoft"而不是"Process-2"。程序运行流程示意图如图 14.2 所示，运行结果如图 14.3 所示。

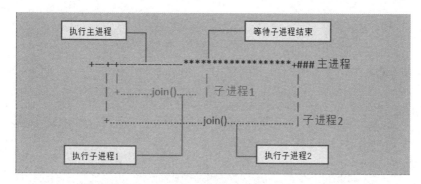

图 14.2　程序运行流程示意图

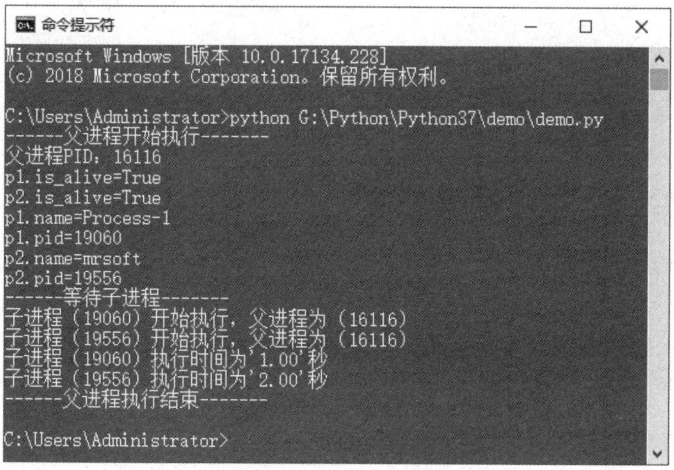

图 14.3　创建两个子进程

14.1.2　使用 Process 子类创建进程

对于一些简单的小任务，通常使用 Process(target=test) 方式实现多进程。但是，如果要处理复杂任务的进程，通常定义一个类，使其继承 Process 类，每次实例化这个类时，就等同于实例化一个进程对象。下面通过一个示例学习如何通过使用 Process 子类创建多个进程。

使用 Process 子类方式创建两个子进程，分别输出父、子进程的 PID，以及每个子进程的状态和运行时间，代码如下：

```
01  # -*- coding:utf-8 -*-
02  from multiprocessing import Process
03  import time
04  import os
05
06  # 继承 Process 类
07  class SubProcess(Process):
08      # 由于 Process 类本身也有 __init__() 初始化方法，这个子类相当于重写了父类的初始化
09      方法
10      def __init__(self,interval,name=''):
11          Process.__init__(self)          # 调用 Process 父类的初始化方法
12          self.interval = interval        # 接收参数 interval
13          if name:                        # 判断传递的参数 name 是否存在
14              # 如果传递参数 name 存在，则为子进程创建 name 属性，否则使用默认属性
15              self.name = name
16      # 重写了 Process 类的 run() 方法
17      def run(self):
18          print(" 子进程 (%s) 开始执行，父进程为（%s) "%(os.getpid(),
19          os.getppid()))
20          t_start = time.time()
21          time.sleep(self.interval)
22          t_stop = time.time()
23          print(" 子进程 (%s) 执行结束，耗时 %0.2f 秒 "%(os.getpid(),t_stop-t
24          _start))
25
26  if __name__=="__main__":
27      print("------ 父进程开始执行 -------")
28      print(" 父进程 PID: %s" % os.getpid())          # 输出当前程序的 PID
29      p1 = SubProcess(interval=1,name='mrsoft')
30      p2 = SubProcess(interval=2)
31      # 对一个不包含 target 属性的 Process 类执行 start() 方法，就会执行这个类中的
32      run() 方法
```

```
33        # 所以这里会执行 p1.run()
34        p1.start()                                # 启动进程 p1
35        p2.start()                                # 启动进程 p2
36        # 输出 p1 和 p2 进程的执行状态，如果正在进行，则返回 True；否则返回 False
37        print("p1.is_alive=%s"%p1.is_alive())
38        print("p2.is_alive=%s"%p2.is_alive())
39        # 输出 p1 和 p2 进程的别名及 PID
40        print("p1.name=%s"%p1.name)
41        print("p1.pid=%s"%p1.pid)
42        print("p2.name=%s"%p2.name)
43        print("p2.pid=%s"%p2.pid)
44        print("------ 等待子进程 -------")
45        p1.join()                                 # 等待 p1 进程结束
46        p2.join()                                 # 等待 p2 进程结束
47        print("------ 父进程执行结束 -------")
```

在上面的代码中，定义了一个 SubProcess 子类，继承 multiprocessing.Process 父类。在
SubProcess 子类中定义了两个方法：__init__() 初始化方法和 run() 方法。在 __init__() 初始
化方法中，调用 multiprocessing.Process 父类的 __init__() 初始化方法，否则父类初始化方
法会被覆盖，无法开启进程。此外，在 SubProcess 子类中并没有定义 start() 方法，但在
主进程中却调用了 start() 方法，此时就会自动执行 SubProcess 子类的 run() 方法。上
面代码的执行结果如图 14.4 所示。

图 14.4　使用 Process 子类创建进程

14.1.3　使用进程池 Pool 创建进程

在前面，我们使用 Process 类创建了两个进程。如果要创建几十个或上百个进程，则

需要实例化更多个 Process 类。有没有更好的创建进程的方式解决这类问题呢？答案就是使用 multiprocessing 模块提供的 Pool 类，即 Pool 进程池。

接下来，先来了解一下 Pool 类的常用方法，其常用方法及说明如下。

- apply_async(func[, args[, kwds]])：使用非阻塞方式调用 func() 函数（并行执行，堵塞方式必须等待上一个进程退出才能执行下一个进程），args 表示传递给 func() 函数的参数列表，kwds 表示传递给 func() 函数的关键字参数列表。
- apply(func[, args[, kwds]])：使用阻塞方式调用 func() 函数。
- close()：关闭 Pool 进程池，使其不再接收新的任务。
- terminate()：不管任务是否完成，立即终止。
- join()：主进程阻塞，等待子进程的退出，必须在 close() 或 terminate() 之后使用。

在上面的方法中提到，apply_async() 使用非阻塞方式调用函数，而 apply() 使用阻塞方式调用函数。那么什么是阻塞和非阻塞呢？在图 14.5 中，分别使用阻塞方式和非阻塞方式执行 3 个任务。如果使用阻塞方式，则必须等待上一个进程退出才能执行下一个进程；如果使用非阻塞方式，则可以并行执行 3 个进程。

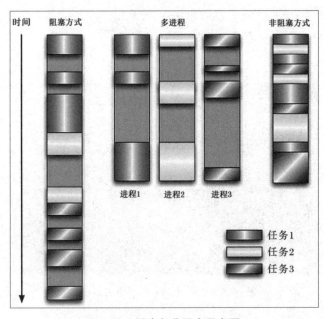

图 14.5　阻塞与非阻塞示意图

下面通过一个示例演示如何使用进程池创建多进程。这里模拟水池放水的场景，定义一个进程池，设置最大进程数为 3，然后使用非阻塞方式执行 10 个任务，查看每个进程执行的任务，代码如下：

```
01  # -*- coding=utf-8 -*-
02  from multiprocessing import Pool
03  import os, time
04
05  def task(name):
06      print('子进程（%s）执行task %s ……' % ( os.getpid() ,name))
07      time.sleep(1)                      # 休眠 1 秒
08
09  if __name__=='__main__':
10      print('父进程（%s）.' % os.getpid())
11      p = Pool(3)                        # 定义一个进程池，最大进程数为 3
12      for i in range(10):                # 从 0 开始循环 10 次
13          p.apply_async(task, args=(i,)) # 使用非阻塞方式调用 task() 函数
14      print('等待所有子进程结束……')
15      p.close()                          # 关闭进程池，关闭后 p 不再接收新的请求
16      p.join()                           # 等待子进程结束
17      print('所有子进程结束。')
```

运行结果如图14.6所示，从图14.6中可以看出，PID 为7900的子进程执行了 4 个任务，而其余 2 个子进程分别执行了 3 个任务。

图 14.6 使用进程池创建进程

14.2 通过队列实现进程之间的通信

微课视频

我们已经学习了如何创建多进程，那么在多进程中，每个进程之间有什么关系呢？其实每个进程都有自己的地址空间、内存、数据栈及其他记录其运行状态的辅助数据。下面通过一个示例，验证进程之间能否直接共享信息。

定义一个全局变量 g_num，分别创建两个子进程对 g_num 执行不同的操作，并输出操作后的结果，代码如下：

```
01  # -*- coding:utf-8 -*-
02  from multiprocessing import Process
03
04  def plus():
05      print('------- 子进程 1 开始 ------')
06      global g_num
07      g_num += 50
08      print('g_num is %d'%g_num)
09      print('------- 子进程 1 结束 ------')
10
11  def minus():
12      print('------- 子进程 2 开始 ------')
13      global g_num
14      g_num -= 50
15      print('g_num is %d'%g_num)
16      print('------- 子进程 2 结束 ------')
17
18  g_num = 100                                          # 定义一个全局变量
19  if __name__ == '__main__':
20      print('------- 主进程开始 ------')
21      print('g_num is %d'%g_num)
22      p1 = Process(target=plus)                        # 实例化进程 p1
23      p2 = Process(target=minus)                       # 实例化进程 p2
24      p1.start()                                       # 开启进程 p1
25      p2.start()                                       # 开启进程 p2
26      p1.join()                                        # 等待 p1 进程结束
27      p2.join()                                        # 等待 p2 进程结束
28      print('------- 主进程结束 ------')
```

运行结果如图 14.7 所示。

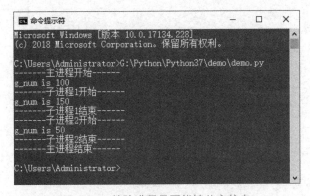

图 14.7　检验进程是否能够共享信息

学习笔记

　　在上面的代码中，分别创建了两个子进程，在一个子进程中令 g_num 减去 50。但是从运行结果中可以看出，g_num 在父进程和两个子进程中的初始值都是 100。也就是全局变量 g_num 在一个进程中的结果，没有传递到下一个进程中，即进程之间没有共享信息。进程之间的示意图如图 14.8 所示。

图 14.8　进程之间的示意图

　　如何才能实现进程之间的通信呢？ Python 的 multiprocessing 模块包装了底层的机制，提供了队列（Queue）、管道（Pipes）等多种方式来交换数据。下一节将讲解通过队列（Queue）来实现进程之间的通信。

14.2.1　队列简介

　　队列（Queue）就是模仿现实中的排队。例如，学生在食堂排队买饭，新来的学生排到队列最后，最前面的学生买完饭离开，后面的学生跟上。队列有以下两个特点。

- 新来的学生都排在队尾。
- 最前面的学生买完饭后离队，后面一个学生跟上。

根据以上特点，可以归纳出队列的结构，如图 14.9 所示。

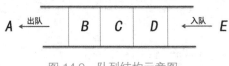

图 14.9　队列结构示意图

14.2.2　多进程队列的使用

　　进程之间有时需要通信，操作系统提供了很多机制来实现进程之间的通信。用户可以使用 multiprocessing 模块的 Queue 实现多进程之间的数据传递。Queue 本身是一个消息队列程序，下面介绍 Queue 的使用。

初始化 Queue() 对象时（如 q=Queue(num)），如果括号中没有指定最大可接收的消息数量，或者数量为负值，那么就表示可接收的消息数量没有上限（直到内存的尽头）。Queue 的常用方法如下。

- Queue.qsize()：返回当前队列包含的消息数量。
- Queue.empty()：如果队列为空，则返回 True；否则返回 False 。
- Queue.full()：如果队列满了，则返回 True；否则返回 False。
- Queue.get([block[, timeout]])：获取列队中的一条消息，然后将其从队列中移除，block 默认值为 True。
  - » 如果 block 使用默认值，且没有设置 timeout（单位：秒），则消息队列为空，此时程序将被阻塞（停在读取状态），直到从消息队列读到消息为止。如果设置了 timeout，则会等待 timeout 秒；如果还没读取到任何消息，则抛出 Queue.Empty 异常。
  - » 如果 block 的值为 False，当消息队列为空时，则会立刻抛出 Queue.Empty 异常。
- Queue.get_nowait()：相当于 Queue.get(False)。
- Queue.put(item,[block[, timeout]])：将 item 消息写入队列，block 默认值为 True。
  - » 如果 block 使用默认值，且没有设置 timeout（单位：秒），则消息队列已经没有空间可写入，此时程序将被阻塞（停在写入状态），直到消息队列腾出空间为止。如果设置了 timeout，则会等待 timeout 秒；如果还没空间，则抛出 Queue.Full 异常。
  - » 如果 block 的值为 False，则消息队列没有空间可写入，会立刻抛出 Queue.Full 异常。
- Queue.put_nowait(item)：相当于 Queue.put(item, False)。

下面通过示例学习如何使用 processing.Queue，代码如下：

```
01  # coding=utf-8
02  from multiprocessing import Queue
03
04  if __name__ == '__main__':
05      q=Queue(3)              # 初始化 1 个 Queue 对象，最多可接收 3 条 put 消息
06      q.put("消息 1")
07      q.put("消息 2")
08      print(q.full())      # 返回 False
```

```
09        q.put("消息 3")
10        print(q.full())                    # 返回 True
11
12        # 因为消息队列已满，所以下面的 try 都会抛出异常
13        # 第 1 个 try 会等待 2 秒后再抛出异常，第 2 个 try 会立刻抛出异常
14        try:
15            q.put("消息 4",True,2)
16        except:
17            print("消息队列已满，现有消息数量:%s"%q.qsize())
18
19        try:
20            q.put_nowait("消息 4")
21        except:
22            print("消息队列已满，现有消息数量:%s"%q.qsize())
23
24        # 在读取消息时，先判断消息队列是否为空，再读取
25        if not q.empty():
26            print('---- 从队列中获取消息 ---')
27            for i in range(q.qsize()):
28                print(q.get_nowait())
29        # 先判断消息队列是否已满，再写入
30        if not q.full():
31            q.put_nowait("消息 4")
```

运行结果如图 14.10 所示。

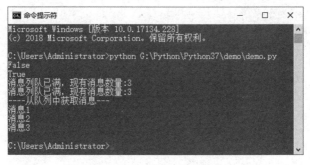

图 14.10　多进程队列的使用

14.2.3　使用队列在进程之间通信

我们知道使用 multiprocessing.Process 可以创建多进程，使用 multiprocessing.Queue 可以实现队列的操作。接下来，通过一个示例结合 Process 和 Queue 实现进程之间的通信。

创建两个子进程，一个子进程负责向队列中写入数据，另一个子进程负责从队列中读

取数据。为了保证能够正确从队列中读取数据，设置读取数据的进程等待时间为2秒，如果2秒后仍然无法读取数据，则抛出异常，代码如下：

```
01  # -*- coding: utf-8 -*-
02  from multiprocessing import Process, Queue
03  import  time
04
05  # 向队列中写入数据
06  def write_task(q):
07      if not q.full():
08          for i in range(5):
09              message = " 消息 " + str(i)
10              q.put(message)
11              print(" 写入 :%s"%message)
12  # 从队列中读取数据
13  def read_task(q):
14      time.sleep(1)  # 休眠 1 秒
15      while not q.empty():
16          # 等待 2 秒，如果还没读取到任何消息，则抛出 Queue.Empty 异常
17          print(" 读取 :%s" % q.get(True,2))
18
19  if __name__ == "__main__":
20      print("----- 父进程开始 -----")
21      q = Queue()                           # 父进程创建 Queue，并传给各个子进程
22      # 实例化写入队列的子进程，并且传递队列
23      pw = Process(target=write_task, args=(q,))
24      # 实例化读取队列的子进程，并且传递队列
25      pr = Process(target=read_task, args=(q,))
26      pw.start()                            # 启动子进程 pw，写入
27      pr.start()                            # 启动子进程 pr，读取
28      pw.join()                             # 等待 pw 进程结束
29      pr.join()                             # 等待 pr 进程结束
30      print("----- 父进程结束 -----")
```

运行结果如图 14.11 所示。

图 14.11　使用队列在进程之间通信

14.3　什么是线程

微课视频

将工作细分为多个任务的方法有两种：一种是可以在一个应用程序内使用多个进程，每个进程负责完成一部分工作；另一种是使用一个进程内的多个线程。那么，什么是线程呢？

线程（Thread）是操作系统能够进行运算调度的最小单位。它被包含在进程之中，是进程中的实际运作单位。一条线程指的是进程中一个单一顺序的控制流，一个进程中可以并发多个线程，每条线程并行执行不同的任务。例如，对于视频播放器来说，显示视频用一个线程，播放音频用另一个线程。只有两个线程同时工作，我们才能正常观看画面和声音同步的视频。

14.4　创建线程

微课视频

由于线程是操作系统直接支持的执行单元，因此，高级语言（如 Python、Java 等）通常都内置多线程的支持。Python 的标准库提供了两个模块，即 _thread 和 threading，_thread 是低级模块，threading 是高级模块，对 _thread 进行了封装。在大多数情况下，我们只需要使用 threading 高级模块。

14.4.1　使用 threading 模块创建线程

threading 模块提供了一个 Thread 类表示一个线程对象，语法格式如下：

```
Thread([group [, target [, name [, args [, kwargs]]]]])
```

参数说明如下。

● group：值为 None。

● target：表示一个可调用对象，当线程启动时，run() 方法将调用此对象；当默认值为 None 时，表示不调用任何内容。

● name：表示当前线程名称，默认创建一个"Thread-N"格式的唯一名称。

● args：表示传递给 target() 函数的参数元组。

● kwargs：表示传递给 target() 函数的参数字典。

对比发现，Thread 类和前文讲解的 Process 类的方法基本相同，这里就不再赘述了。下面通过一个示例学习如何使用 threading 模块创建线程，代码如下：

```
01  # -*- coding:utf-8 -*-
02  import threading,time
03
04  def process():
05      for i in range(3):
06          time.sleep(1)
07          print("thread name is %s" % threading.current_thread().name)
08
09  if __name__ == '__main__':
10      print("----- 主线程开始 -----")
11      # 创建 4 个线程，存入列表
12      threads = [threading.Thread(target=process) for i in range(4)]
13      for t in threads:
14          t.start()                               # 开启线程
15      for t in threads:
16          t.join()                                # 等待子线程结束
17      print("----- 主线程结束 -----")
```

在上面的代码中，创建了 4 个线程，然后分别使用 for 循环执行 start() 方法和 jion() 方法，每个子线程分别执行输出 3 次，运行结果如图 14.12 所示。

图 14.12　使用 threading 模块创建线程

14.4.2　使用 Thread 子类创建线程

Thread 线程类和 Process 进程类的使用方法非常相似，也可以通过定义一个子类，使

其继承 Thread 线程类来创建线程。下面通过一个示例学习使用 Thread 子类创建线程的方法。

　　创建一个子类 SubThread，继承 threading.Thread 线程类，并定义一个 run() 方法。实例化 SubThread 类创建两个线程，并且调用 start() 方法开启线程，程序会自动调用 run() 方法。代码如下：

```
01  # -*- coding: utf-8 -*-
02  import threading
03  import time
04  class SubThread(threading.Thread):
05      def run(self):
06          for i in range(3):
07              time.sleep(1)
08              # name 属性中保存的是当前线程的名字
09              msg = " 子线程 "+self.name+' 执行, i='+str(i)
10              print(msg)
11  if __name__ == '__main__':
12      print('----- 主线程开始 -----')
13      t1 = SubThread()                        # 创建子线程 t1
14      t2 = SubThread()                        # 创建子线程 t2
15      t1.start()                              # 启动子线程 t1
16      t2.start()                              # 启动子线程 t2
17      t1.join()                               # 等待子线程 t1 结束
18      t2.join()                               # 等待子线程 t2 结束
19      print('----- 主线程结束 -----')
```

运行结果如图 14.13 所示。

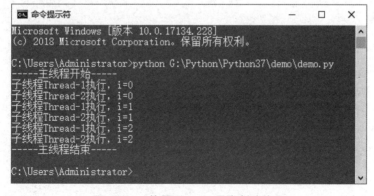

图 14.13　使用 Thread 子类创建线程

14.5 线程之间的通信

微课视频

我们已经知道进程之间不能直接共享信息，那么线程之间可以共享信息吗？我们通过一个示例来验证一下。定义一个全局变量 g_num，分别创建两个子线程对全局变量 g_num 执行不同的操作，并输出操作后的结果，代码如下：

```
01  # -*- coding:utf-8 -*-
02  from threading import Thread          # 导入线程
03  import time
04
05  def plus():                           # 第一个线程函数
06      print('------- 子线程 1 开始 ------')
07      global g_num                      # 定义全局变量
08      g_num += 50                       # 全局变量值加 50
09      print('g_num is %d'%g_num)
10      print('------- 子线程 1 结束 ------')
11
12  def minus():                          # 第二个线程函数
13      time.sleep(1)                     # 休眠 1 毫秒
14      print('------- 子线程 2 开始 ------')
15      global g_num                      # 定义全局变量
16      g_num -= 50                       # 全局变量值减 50
17      print('g_num is %d'%g_num)
18      print('------- 子线程 2 结束 ------')
19
20  g_num = 100                           # 定义一个全局变量
21  if __name__ == '__main__':
22      print('------- 主线程开始 ------')
23      print('g_num is %d'%g_num)
24      t1 = Thread(target=plus)          # 实例化线程 t1
25      t2 = Thread(target=minus)         # 实例化线程 t2
26      t1.start()                        # 开启线程 t1
27      t2.start()                        # 开启线程 t2
28      t1.join()                         # 等待线程 t1 结束
29      t2.join()                         # 等待线程 t2 结束
30      print('------- 主线程结束 ------')
```

在上面的代码中，定义了一个全局变量 g_num，赋值为 100，然后创建了两个线程。一个线程将 g_num 的值增加 50，一个线程将 g_num 的值减少 50。如果 g_num 的值为 100，则说明线程之间可以共享数据。运行结果如图 14.14 所示。

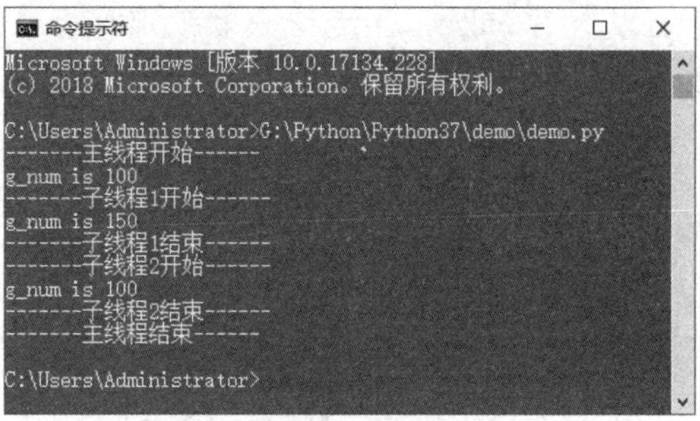

图 14.14　检测线程数据是否共享

📋 **学习笔记**

从上面的示例可以得出，在一个进程内的所有线程可以共享全局变量，能够在不使用其他方式的前提下完成多线程之间的数据共享。

14.5.1　什么是互斥锁

由于线程可以对全局变量随意修改，这就可能造成多线程之间对全局变量的混乱操作。依然以房子为例，当房子内只有一个居住者时（单线程），他可以在任意时刻使用任意一个房间，如厨房、卧室、卫生间等。但是，当这个房子有多个居住者时（多线程），其中的任意一个居住者就不能在任意时刻使用某些房间，如卫生间，否则就会造成混乱。这就是"互斥锁"（Mutual exclusion，Mutex），防止多个线程同时读写某一块内存区域。互斥锁为资源引入了两种状态：锁定和非锁定。当某个线程要更改共享数据时，先将其锁定，此时资源的状态为"锁定"，其他线程不能更改；直到该线程释放资源，将资源的状态变成"非锁定"时，其他的线程才能再次锁定该资源。

14.5.2　使用互斥锁

在 threading 模块中使用 Lock 类可以更加方便地处理锁定。Lock 类有两个方法：acquire() 锁定和 release() 释放锁。示例用法如下：

```
mutex = threading.Lock()              # 创建锁
mutex.acquire([blocking])             # 锁定
mutex.release()                       # 释放锁
```

参数说明如下。

● acquire([blocking])：获取锁定，如果有必要，需要阻塞到锁定释放为止。如果提供

blocking 参数并将它设置为 False，当无法获取锁定时将立即返回 False；当成功获取锁定时，将返回 True。

- release()：释放一个锁定。当锁定处于未锁定状态时，或者从与调用 acquire() 方法不同的线程调用此方法，将出现错误。

下面通过一个示例学习如何使用互斥锁。这里使用多线程和互斥锁模拟实现多人同时订购电影票的功能，假设电影院某个场次只有100张电影票，10个用户同时抢购该电影。每售出一张电影票，显示一次剩余的电影票张数，代码如下：

```
01  from threading import Thread,Lock
02  import time
03  n=100                                    # 共100张票
04
05  def task():
06      global n
07      mutex.acquire()                      # 上锁
08      temp=n                               # 赋值给临时变量
09      time.sleep(0.1)                      # 休眠0.1秒
10      n=temp-1                             # 数量减1
11      print('购买成功，剩余 %d 张电影票 '%n)
12      mutex.release()                      # 释放锁
13
14  if __name__ == '__main__':
15      mutex=Lock()                         # 实例化Lock类
16      t_l=[]                               # 初始化一个列表
17      for i in range(10):
18          t=Thread(target=task)            # 实例化线程类
19          t_l.append(t)                    # 将线程实例存储到列表中
20          t.start()                        # 创建线程
21      for t in t_l:
22          t.join()                         # 等待子线程结束
```

在上面的代码中，创建了10个线程，全部执行 task() 函数。为解决资源竞争问题，使用 mutex.acquire() 函数实现资源锁定，第一个获取资源的线程锁定后，其他线程等待 mutex.release() 释放锁。所以每次只有一个线程执行 task() 函数。运行结果如图 14.15 所示。

图 14.15　模拟订购电影票功能

📋 学习笔记

当使用互斥锁时，要避免死锁。在多任务系统下，当一个或多个线程等待系统资源，而资源又被线程本身或其他线程占用时，就形成了死锁。

14.5.3　使用队列在线程之间通信

我们知道 multiprocessing 模块的 Queue 队列可以实现进程之间的通信，同样在线程之间，也可以使用 Queue 队列实现线程之间的通信。不同之处在于，我们需要使用 queue 模块的 Queue 队列，而不是 multiprocessing 模块的 Queue 队列，但 Queue 队列的使用方法相同。

使用 Queue 队列在线程之间通信通常应用于生产者 / 消费者模式。产生数据的模块称为生产者，而处理数据的模块称为消费者。在生产者与消费者之间的缓冲区称为仓库。生产者负责往仓库中运输商品，而消费者负责从仓库中取出商品，这就构成了生产者 / 消费者模式。下面通过一个示例学习使用 Queue 队列在线程之间通信。

定义一个生产者类 Producer，定义一个消费者类 Consumer。生产者生产 5 件产品，依次写入队列，而消费者依次从队列中取出产品，代码如下：

```
01  from queue import Queue
02  import random,threading,time
03
04  # 生产者类
05  class Producer(threading.Thread):
06      def __init__(self, name,queue):
07          threading.Thread.__init__(self, name=name)
08          self.data=queue
09      def run(self):
10          for i in range(5):
11              print("生产者%s将产品%d加入队列!" % (self.getName(), i))
12              self.data.put(i)
13              time.sleep(random.random())
14          print("生产者%s完成!" % self.getName())
15
16  # 消费者类
17  class Consumer(threading.Thread):
18      def __init__(self,name,queue):
19          threading.Thread.__init__(self,name=name)
20          self.data=queue
21      def run(self):
```

```
22          for i in range(5):
23              val = self.data.get()
24              print("消费者%s 将产品%d 从队列中取出!" % (self.getName(),val))
25              time.sleep(random.random())
26          print("消费者%s 完成!" % self.getName())
27
28  if __name__ == '__main__':
29      print('----- 主线程开始 -----')
30      queue = Queue()                              # 实例化队列
31      # 实例化线程 Producer，并传入队列作为参数
32      producer = Producer('Producer',queue)
33      # 实例化线程 Consumer，并传入队列作为参数
34      consumer = Consumer('Consumer',queue)
35      producer.start()                            # 启动线程 producer
36      consumer.start()                            # 启动线程 consumer
37      producer.join()                             # 等待线程 producer 结束
38      consumer.join()                             # 等待线程 consumer 结束
39      print('----- 主线程结束 -----')
```

运行结果如图 14.16 所示。

图 14.16　使用 Queue 队列在线程之间通信

📋 学习笔记

　　由于使用了 random.random() 函数生成 0 ～ 1 之间的随机数，所以读者运行程序的结果可能与图 14.16 不同。

第三篇　高级篇

第 15 章　网络编程

Python 网络编程实质上是使用 Python 语言实现网络计算机之间的数据交换，可以实现网络爬虫程序、网站平台程序、邮件通信程序等。本章主要介绍网络编程的概念与应用。

15.1　网络基础

微课视频

当今的时代是一个网络的时代，网络无处不在。而我们前面学习编写的程序都是单机的，即不能和其他计算机上的程序进行通信。为了实现不同计算机之间的通信，就需要使用网络编程。下面我们来了解一下与网络相关的基础知识。

15.1.1　为什么要使用通信协议

计算机想要联网，就必须规定通信协议，早期的计算机网络都是由各厂商自己规定一套协议，IBM、Apple 和 Microsoft 都有各自的网络协议，互不兼容，这就好比一群人有的说英语，有的说中文，有的说德语，说同一种语言的人可以交流，说不同语言的人就不能交流，为了把全世界的所有不同类型的计算机都连接起来，就必须规定一套全球通用的协议，为了实现互联网这个目标，互联网协议簇（Internet Protocol Suite），即通用协议标准出现了。Internet 是由 inter 和 net 两个单词组合起来的，原意就是连接"网络"的网络，有了 Internet，任何私有网络，只要支持这个协议，就可以接入互联网。

15.1.2　TCP/IP 协议简介

因为互联网协议包含了上百种协议标准，但是较为重要的两个协议是 TCP 和 IP 协议，所以，人们把互联网的协议简称为 TCP/IP 协议。

1. IP 协议

在通信时，通信双方必须知道对方的标识，好比发送快递必须知道对方的地址。互联网上每台计算机的唯一标识就是 IP 地址。IP 地址实际上是一个 32 位整数（称为 IPv4），它是以字符串表示的 IP 地址，如 172.16.254.1，实际上是把 32 位整数按 8 位分组后的数字表示，目的是便于阅读，如图 15.1 所示。

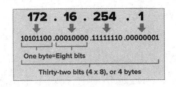

图 15.1　IPv4 示例

IP 协议负责把数据从一台计算机通过网络发送到另一台计算机。数据被分割成多个小块，类似于将一个大包裹拆分成几个小包裹，然后通过 IP 包发送出去。由于互联网链路复杂，两台计算机之间经常有多条线路，因此，路由器就负责决定如何把一个 IP 包转发出去。IP 包的特点是按块发送，途经多个路由，但不保证都能到达，也不能保证按顺序到达。

2. TCP 协议

TCP 协议建立在 IP 协议之上。TCP 协议负责在两台计算机之间建立可靠连接，保证数据包按顺序到达。TCP 协议会通过 3 次握手建立可靠连接，如图 15.2 所示。

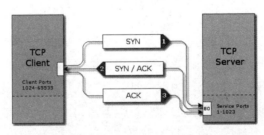

图 15.2　TCP 协议的 3 次握手

TCP 协议需要对每个 IP 包进行编号，确保对方按顺序收到，如果包丢掉了，就自动重发，如图 15.3 所示。

很多常用的更高级的协议都是建立在 TCP 协议基础上的，如用于浏览器的 HTTP 协议、发送邮件的 SMTP 协议等。一个 TCP 报文除了包含要传输的数据，还包含源 IP 地址和目标 IP 地址、源端口和目标端口。

端口有什么作用？在两台计算机通信时，只发送 IP 地址是不够的，因为同一台计算机上运行着多个网络程序。一个 TCP 报文来了之后，到底是交给浏览器还是 QQ，就需要通过端口来区分。每个网络程序都向操作系统申请唯一的端口，这样，两个进程在两台计算机之间建立网络连接就需要各自的 IP 地址和各自的端口。

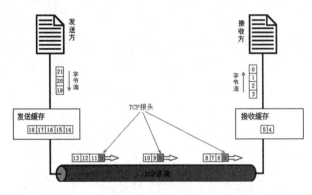

图 15.3　传输数据包

一个进程可能同时与多台计算机建立连接，因此它会申请很多端口。端口不是随意使用的，而是按照一定的规定进行分配的。例如，80 端口分配给 HTTP 服务，21 端口分配给 FTP 服务。

15.1.3　UDP 协议简介

相对 TCP 协议，UDP 协议则是面向无连接的协议。当使用 UDP 协议时，不需要建立连接，只需要知道对方的 IP 地址和端口，就可以直接发送数据包。但是，数据无法保证一定会到达。虽然使用 UDP 协议传输数据不可靠，但它的优点是比 TCP 协议的速度快。对于不要求可靠到达的数据来说，就可以使用 UDP 协议。TCP 协议和 UDP 协议的区别如图 15.4 所示。

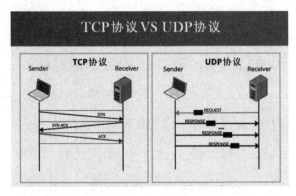

图 15.4　TCP 协议和 UDP 协议的区别

15.1.4 Socket 简介

为了让两个程序通过网络进行通信，两者均必须使用 Socket（套接字）。Socket 的英文原意是"孔"或"插座"，通常也称为"套接字"，用于描述 IP 地址和端口，它是一个通信链的句柄，可以用来实现不同虚拟机或不同计算机之间的通信，如图 15.5 所示。在 Internet 的主机上一般运行了多个服务软件，同时提供几种服务。每种服务都打开一个 Socket，并绑定到一个端口上，不同的端口对应于不同的服务。

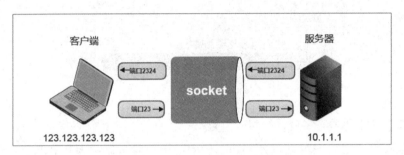

图 15.5　使用 Socket 实现通信

Socket 正如其英文原意那样，像一个多孔插座。一台主机犹如布满各种插座的房间，每个插座有一个编号，有的插座提供 220 伏交流电，有的提供 110 伏交流电。客户软件将插头插到不同编号的插座，就可以得到不同的服务。

在 Python 中使用 socket 模块的 socket() 函数可以实现网络通信，语法格式如下：

```
s = socket.socket(AddressFamily, Type)
```

参数说明如下。

- Address Family：可以是 AF_INET（用于 Internet 进程之间的通信）或 AF_UNIX（用于同一台主机进程之间的通信），在实际工作中常用 AF_INET。
- Type：套接字类型，可以是 SOCK_STREAM（流式套接字，主要用于 TCP 协议）或 SOCK_DGRAM（数据报套接字，主要用于 UDP 协议）。

例如，为了创建 TCP/IP 套接字，可以用下面的方式调用 socket.socket()：

```
tcpSock = socket.socket(socket.AF_INET, socket.SOCK_STREAM)
```

同样地，为了创建 UDP/IP 套接字，需要执行以下语句：

```
udpSock = socket.socket(socket.AF_INET, socket.SOCK_DGRAM)
```

创建完成后，生成一个 socket 对象，socket 对象的主要函数及其说明如表 15.1 所示。

表 15.1 socket 对象的主要函数及其说明

函　　　数	说　　　明
s.bind()	绑定地址到套接字，在 AF_INET 下，以元组的形式表示地址
s.listen()	开始 TCP 监听。backlog 指定在拒绝连接之前，操作系统可以挂起的最大连接数量。该值至少为 1，大部分应用程序设置为 5 就可以了
s.accept()	被动接受 TCP 客户端连接（阻塞式），等待连接的到来
s.connect()	主动初始化 TCP 服务器连接，一般 address 的格式为元组（hostname,port），如果连接出错，则返回 socket.error 错误
s.recv()	接收 TCP 数据，数据以字符串形式返回，bufsize 指定要接收的最大数据量。flag 提供有关消息的其他信息，通常可以忽略
s.send()	发送 TCP 数据，将 string 中的数据发送到连接的套接字。返回值是要发送的字节数量，该数量可能小于 string 的字节大小
s.sendall()	完整发送 TCP 数据。将 string 中的数据发送到连接的套接字，但在返回之前会尝试发送所有数据。如果成功，则返回 None，失败则抛出异常
s.recvfrom()	接收 UDP 数据，与 recv() 函数类似，但返回值是（data,address），其中，data 是包含接收数据的字符串，address 是发送数据的套接字地址
s.sendto()	发送 UDP 数据，将数据发送到套接字，address 是形式为（ipaddr,port）的元组，指定远程地址。返回值是发送的字节数
s.close()	关闭套接字

15.2　TCP 编程

微课视频

由于 TCP 连接具有安全可靠的特性，所以 TCP 连接应用更为广泛。创建 TCP 连接时，主动发起连接的叫客户端，被动响应连接的叫服务器。例如，当我们在浏览器中访问明日学院网站时，我们自己的计算机就是客户端，浏览器会主动向明日学院的服务器发起连接。如果一切顺利，明日学院的服务器就会接收我们的连接，一个 TCP 连接就建立起来了，后面的通信就可以发送网页内容。

15.2.1　创建 TCP 服务器

创建 TCP 服务器的过程，类似于生活中接听电话的过程。如果要接听别人的来电，首先需要购买一部手机，其次需要安装手机卡，再次需要设置手机为接听状态，最后静等对方来电。

如同上面的接听电话过程一样，在程序中，如果想要完成一个 TCP 服务器的功能，需要的流程如下。

（1）使用 socket() 函数创建一个套接字。

（2）使用 bind() 函数绑定 IP 地址和 port。

（3）使用 listen() 函数使套接字变为可被动连接。

（4）使用 accept() 函数等待客户端的连接。

（5）使用 recv/send() 函数接收发送的数据。

例如，使用 socket 模块，通过客户端浏览器向本地服务器（IP 地址为 127.0.0.1）发起请求，服务器接到请求，向浏览器发送 "Hello World"，代码如下：

```
01 # -*- coding:utf-8 -*-
02 import socket                                    # 导入 socket 模块
03 host = '127.0.0.1'                              # 主机 IP 地址
04 port = 8080                                      # 端口
05 web = socket.socket()                           # 创建 socket 对象
06 web.bind((host,port))                           # 绑定端口
07 web.listen(5)                                    # 设置最多连接数
08 print ('服务器等待客户端连接 ...')
09 # 开启死循环
10 while True:
11     conn,addr = web.accept()                    # 建立客户端连接
12     data = conn.recv(1024)                       # 获取客户端请求数据
13     print(data)                                  # 打印接收到的数据
14     conn.sendall(b'HTTP/1.1 200 OK\r\n\r\nHello World')  # 向客户端发送数据
15     conn.close()                                 # 关闭连接
```

运行结果如图 15.6 所示。然后打开谷歌浏览器，输入网址为 127.0.0.1:8080（服务器 IP 地址是 127.0.0.1，端口是 8080），成功连接服务器后，浏览器显示 "Hello World"。运行结果如图 15.7 所示。

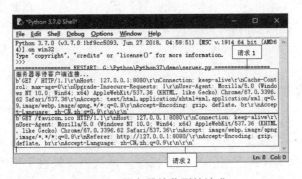

图 15.6　服务器接收到的请求

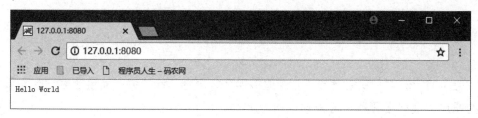

图 15.7 客户端接到的响应

15.2.2 创建 TCP 客户端

TCP 的客户端要比服务器简单很多，如果说服务器是需要自己买手机、插手机卡、设置铃声、等待别人打电话的流程，那么客户端只需要找一个电话亭，拿起电话拨打即可，流程要少很多。

下面创建一个 TCP 客户端，通过该客户端向服务器发送并接收消息。创建一个 client. py 文件，代码如下：

```
01  import socket                              # 导入 socket 模块
02  s= socket.socket()                         # 创建 TCP/IP 套接字
03  host = '127.0.0.1'                         # 获取主机地址
04  port = 8080                                # 设置端口
05  s.connect((host,port))                     # 主动初始化 TCP 服务器连接
06  send_data = input("请输入要发送的数据：")      # 提示用户输入数据
07  s.send(send_data.encode())                 # 发送 TCP 数据
08  # 接收对方发送过来的数据，最大可接收 1024 字节
09  recvData = s.recv(1024).decode()
10  print(' 接收到的数据为 :',recvData)
11  # 关闭套接字
12  s.close()
```

打开两个 cmd "命令提示符" 窗口，首先运行 server.py 文件，然后运行 client.py 文件，接着在 "client.py" 窗口中输入 "hi"，此时 "server.py" 窗口会接收到消息，并且发送 "Hello World"。运行结果如图 15.8 所示。

图 15.8 客户端和服务器通信效果

15.2.3　执行 TCP 服务器和客户端

在上面的示例中，我们设置了一个服务器和一个客户端，并且实现了客户端和服务器之间的通信。根据服务器和客户端的执行流程，可以总结出 TCP 客户端和服务器的通信模型，如图 15.9 所示。

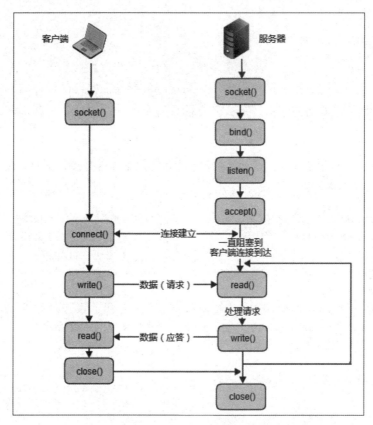

图 15.9　TCP 客户端和服务器的通信模型

既然客户端和服务器可以使用 Socket 进行通信，那么，客户端就可以向服务器发送文字，服务器接收到消息后，显示消息内容并且输入文字返回给客户端。客户端接收到响应，显示该文字，然后继续向服务器发送消息。这样，就可以实现一个简易的聊天窗口。当有一方输入 "byebye" 时，就退出系统，中断聊天。我们可以根据如下步骤实现该功能。

（1）创建 server.py 文件，作为服务器程序，代码如下：

```
01  import socket                            # 导入 socket 模块
02  host = socket.gethostname()             # 获取主机地址
03  port = 12345                            # 设置端口
```

```
04   # 创建 TCP/IP 套接字
05   s = socket.socket(socket.AF_INET,socket.SOCK_STREAM)
06   s.bind((host,port))                           # 绑定地址（host,port）到套接字
07   s.listen(1)                                   # 设置最多连接数量
08   sock,addr = s.accept()                        # 被动接收 TCP 客户端连接
09   print('连接已经建立')
10   info = sock.recv(1024).decode()               # 接收客户端数据
11   while info != 'byebye':                       # 判断是否退出
12     if info :
13       print('接收到的内容:'+info)
14     send_data = input('输入发送内容：')          # 发送消息
15     sock.send(send_data.encode())               # 发送 TCP 数据
16     if send_data =='byebye':                     # 如果发送 byebye，则退出系统
17       break
18     info = sock.recv(1024).decode()             # 接收客户端数据
19   sock.close()                                  # 关闭客户端套接字
20   s.close()                                     # 关闭服务器套接字
```

（2）创建 client.py 文件，作为客户端程序，代码如下：

```
01   import socket                                 # 导入 socket 模块
02   s= socket.socket()                            # 创建 TCP/IP 套接字
03   host = socket.gethostname()                   # 获取主机地址
04   port = 12345                                  # 设置端口
05   s.connect((host,port))                        # 主动初始化 TCP 服务器连接
06   print('已连接')
07   info = ''
08   while info != 'byebye':                       # 判断是否退出
09     send_data=input('输入发送内容：')            # 输入内容
10     s.send(send_data.encode())                  # 发送 TCP 数据
11     if send_data =='byebye':                     # 判断是否退出
12       break
13     info = s.recv(1024).decode()                # 接收服务器数据
14     print('接收到的内容:'+info)
15   s.close()                                     # 关闭服务器套接字
```

打开两个 cmd "命令提示符"窗口，分别运行 server.py 文件和 client.py 文件，如图 15.10 所示。

图 15.10　服务器和客户端建立连接

接下来，在"client.py"窗口中，输入"土豆土豆，我是地瓜"，然后按"Enter"键。此时，在"server.py"窗口中将显示"client.py"窗口发送的消息，并提示"server.py"窗口输入发送内容，如图 15.11 所示。

图 15.11　发送消息

当输入"byebye"时，结束对话，如图 15.12 所示。

图 15.12　结束对话

15.3　UDP 编程

微课视频

UDP 是面向消息的协议，如果通信时不需要建立连接，那么数据的传输自然是不可靠的，UDP 协议一般用于多点通信和实时的数据业务，如下所示。

- 语音广播。
- 视频。
- 聊天软件。
- TFTP（简单文件传送）。
- SNMP（简单网络管理协议）。
- RIP（路由信息协议，如报告股票市场、航空信息）。
- DNS（域名解释）。

和 TCP 协议类似，使用 UDP 协议的通信双方也分为客户端和服务器。

15.3.1 创建 UDP 服务器

UDP 服务器不需要 TCP 服务器那么多的设置，因为它不是面向连接的。除等待传入的连接外，几乎不需要处理其他工作。下面我们来实现一个将摄氏温度转换为华氏温度的功能。

例如，在客户端输入要转换的摄氏温度，然后发送到服务器，服务器根据转换公式，将摄氏温度转换为华氏温度，发送到客户端显示。创建 udp_server.py 文件，实现 UDP 服务器，代码如下：

```
01  import socket                                      # 导入 socket 模块
02
03  s = socket.socket(socket.AF_INET, socket.SOCK_DGRAM)    # 创建 UDP 套接字
04  s.bind(('127.0.0.1', 8888))                        # 绑定地址（host,port）到套接字
05  print(' 绑定 UDP 到 8888 端口 ')
06  data, addr = s.recvfrom(1024)                      # 接收数据
07  data = float(data)*1.8 + 32                        # 转换公式
08  send_data = ' 转换后的温度（单位：华氏温度）: '+str(data)
09  print('Received from %s:%s.' % addr)
10  s.sendto(send_data.encode(), addr)                 # 发送到客户端
11  s.close()                                          # 关闭服务器套接字
```

在上面的代码中，使用 socket.socket() 函数创建套接字，其中设置参数为 socket.SOCK_DGRAM，表明创建的是 UDP 套接字。此外需要注意，s.recvfrom() 函数生成的 data 数据类型是 byte，不能直接进行四则运算，需要将其转化为 float 类型数据。最后在使用 sendto() 函数发送数据时，发送的数据必须是 byte 类型，所以需要使用 encode() 函数将字符串转化为 byte 类型。

运行结果如图 15.13 所示。

图 15.13　等待客户端连接

15.3.2 创建 UDP 客户端

创建一个 UDP 客户端的流程比较简单，具体步骤如下。

（1）创建客户端套接字。

（2）发送 / 接收数据。

（3）关闭套接字。

下面根据 15.3.1 节的示例，创建 udp_client.py 文件，实现用户在 UDP 客户端接收转换后的华氏温度，代码如下：

```
01  import socket                                              # 导入 socket 模块
02
03  s = socket.socket(socket.AF_INET, socket.SOCK_DGRAM)       # 创建 UDP 套接字
04  data = input('请输入要转换的温度（单位：摄氏度）：')          # 输入要转换的温度
05  s.sendto(data.encode(), ('127.0.0.1', 8888))              # 发送数据
06  print(s.recv(1024).decode())                              # 打印接收数据
07  s.close()                                                  # 关闭套接字
```

在上面的代码中，接收数据和发送数据的类型都是 byte，所以在发送数据时，使用 encode() 函数将字符串转化为 byte 类型。而在输出数据时，则使用 decode() 函数将 byte 类型的数据转换为字符串，方便用户阅读。

在两个 cmd "命令提示符"窗口中分别运行 udp_server.py 文件和 udp_client.py 文件，然后在 "udp_client.py" 窗口中输入要转换的摄氏温度，"udp_client.py" 窗口会立即显示转换后的华氏温度，如图 15.14 所示。

图 15.14 将摄氏温度转换为华氏温度的效果

15.3.3 执行 UDP 服务器和客户端

在 UDP 通信模型中，在通信开始之前，不需要建立相关的连接，只需要发送数据即可，

类似于生活中的 "写信"。UDP 客户端和服务器的通信模型如图 15.15 所示。

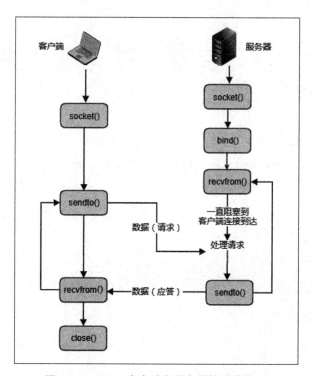

图 15.15 UDP 客户端和服务器的通信模型

第 16 章　异常处理及程序调试

在编程过程中为了增加友好性，在程序出现 Bug 时一般不会将错误信息显示给用户，而是通过异常处理语句向用户提示相关信息。编写完成的程序在进行实际运行前，用手动或编译程序等方法进行测试，修正语法错误和逻辑错误，这个过程就是调试。本章主要介绍异常处理与程序调试。

16.1　异常概述

微课视频

在程序运行过程中，经常会遇到各种各样的错误，这些错误统称为"异常"。这些异常有的是开发者一时疏忽将关键字敲错导致的，这类错误多数产生的是"SyntaxError: invalid syntax"（无效的语法）异常，这将直接导致程序不能运行。这类异常是显式的，在开发阶段很容易发现。还有一类异常是隐式的，通常与开发者的操作有关。

例如，在 IDLE 中创建一个名称为 division_apple.py 的文件，然后在该文件中定义一个除法运算的函数 division()，在该函数中，首先输入被除数和除数，然后应用除法运算进行计算，最后调用 division() 函数，代码如下：

```
01  def division():
02      num1 = int(input("请输入被除数："))        # 用户输入提示
03      num2 = int(input("请输入除数："))
04      result = num1//num2                      # 执行除法运算
05      print(result)
06  if __name__ == '__main__':
07      division()                               # 调用函数
```

运行程序，当输入的除数为 0 时，将得到如图 16.1 所示的结果。

产生 ZeroDivisionError 异常（除数为 0 错误）的根源在于算术表达式"10/0"中，0 作为除数出现，所以正在执行的程序被中断（06 行代码以后，包括 06 行的代码都不会被执行）。

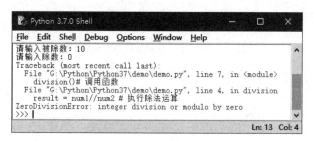

图 16.1　抛出了 "ZeroDivisionError" 异常

除了 ZeroDivisionError 异常，Python 中还有很多常见的异常，如表 16.1 所示。

表 16.1　Python 中常见的异常

异　　　常	说　　　明
NameError	尝试访问一个没有声明的变量引发的错误
IndexError	索引超出序列范围引发的错误
IndentationError	缩进错误
ValueError	传入的值错误
KeyError	请求一个不存在的字典关键字引发的错误
IOError	输入 / 输出错误（如要读取的文件不存在）
ImportError	当 import 语句无法找到模块或 from 无法在模块中找到相应的名称时引发的错误
AttributeError	尝试访问未知的对象属性引发的错误
TypeError	类型不合适引发的错误
MemoryError	内存不足
ZeroDivisionError	除数为 0 引发的错误

📋 **学习笔记**

如表 16.1 所示的异常并不需要记住，只需要简单了解即可。

16.2　异常处理语句

微课视频

在程序开发时，有些错误并不是每次运行都会出现的。例如，16.1 节中的示例，只要输入的数据符合程序的要求，程序就可以正常运行；但如果输入的数据不符合程序要求，程序就会抛出异常并停止运行。这时，就需要在开发程序时对可能出现异常的情况进行处理。下面将详细介绍 Python 提供的异常处理语句。

16.2.1 try…except 语句

Python 提供了 try…except 语句用于捕获并处理异常。在使用时，把可能产生异常的代码放在 try 语句块中，把处理结果放在 except 语句块中，这样，当 try 语句块中的代码出现错误时，就会执行 except 语句块中的代码，如果 try 语句块中的代码没有错误，那么 except 语句块将不会执行，语法格式如下：

```
try:
    block1
except [ExceptionName [as alias]]:
    block2
```

参数说明如下。

● block1：表示可能出现错误的代码块。

● ExceptionName [as alias]：可选参数，用于指定要捕获的异常。其中，ExceptionName 表示要捕获的异常名称，如果在其右侧添加 "as alias"，则表示为当前的异常指定一个别名，通过该别名，可以记录异常的具体内容。

📋 **学习笔记**

在使用 try…except 语句捕获异常时，如果在 except 后面不指定异常名称，则表示捕获全部异常。

● block2：表示进行异常处理的代码块。在这里可以输出固定的提示信息，也可以通过别名输出异常的具体内容。

📋 **学习笔记**

使用 try…except 语句捕获异常后，当程序出错时，输出错误信息后，程序会继续执行。

例如，在执行除法运算时，对可能出现的异常进行处理，代码如下：

```
01  def division():
02      num1 = int(input("请输入被除数："))          # 用户输入提示
03      num2 = int(input("请输入除数："))
04      result = num1/num2                           # 执行除法运算
05      print(result)
```

```
06  if __name__ == '__main__':
07      try:                                    # 捕获异常
08          division()                          # 调用除法的函数
09      except ZeroDivisionError:               # 处理异常
10          print("输入错误：除数不能为 0")        # 输出错误原因
```

16.2.2 try…except…else 语句

在 Python 中，还有另一种异常处理结构，它是 try…except…else 语句，也就是在 try…except 语句的基础上再添加一个 else 子句，用于指定当 try 语句块中没有发现异常时要执行的语句块。else 语句块中的内容在 try 语句中发现异常时，将不被执行。

例如，在执行除法运算时，实现当执行 division() 函数没有抛出异常时，输出文字"程序执行完成……"，代码如下：

```
01  def division():
02      num1 = int(input("请输入被除数："))        # 用户输入提示
03      num2 = int(input("请输入除数："))
04      result = num1/num2                        # 执行除法运算
05      print(result)
06  if __name__ == '__main__':
07      try:                                      # 捕获异常
08          division()                            # 调用函数
09      except ZeroDivisionError:                 # 处理异常
10          print("\n 出错了：除数不能为 0！")
11      except ValueError as e:                   # 处理 ValueError 异常
12          print("输入错误：", e)                  # 输出错误原因
13      else:                                     # 当没有抛出异常时执行
14          print("程序执行完成……")
```

执行上面的代码后，将显示如图 16.2 所示的运行结果。

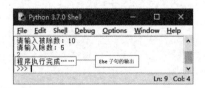

图 16.2 不抛出异常时提示相应信息

16.2.3 try…except…finally 语句

完整的异常处理语句应该包含 finally 代码块，在通常情况下，无论程序中有无异常产

生，finally 代码块中的代码都会被执行，其语法格式如下：

```
try:
    block1
except [ExceptionName [as alias]]:
    block2
finally:
    block3
```

try…except…finally 语句并不复杂，它只是比 try…except 语句多了一个 finally 代码块，如果程序中有一些在任何情形中都必须执行的代码，则可以将它们放在 finally 代码块中。

📋 学习笔记

使用 except 子句是为了允许处理异常。无论是否抛出了异常，使用 finally 子句都可以执行。如果分配了有限的资源（如打开文件），则应该将释放这些资源的代码放置在 finally 代码块中。

例如，在执行除法运算时，实现当在执行 division() 函数时无论是否抛出异常，都输出文字"释放资源，并关闭"，修改后的代码如下：

```
01  def division():
02      num1 = int(input("请输入被除数："))        # 用户输入提示
03      num2 = int(input("请输入除数："))
04      result = num1/num2                          # 执行除法运算
05      print(result)
06  if __name__ == '__main__':
07      try:                                        # 捕获异常
08          division()                              # 调用函数
09      except ZeroDivisionError:                   # 处理异常
10          print("\n出错了：除数不能为0！")
11      except ValueError as e:                     # 处理 ValueError 异常
12          print("输入错误：", e)                   # 输出错误原因
13      else:                                       # 当没有抛出异常时执行
14          print("程序执行完成……")
15      finally:                                    # 无论是否抛出异常都执行
16          print("释放资源，并关闭")
```

执行上面的代码后，将显示如图 16.3 所示的运行结果。

至此，已经介绍了异常处理语句的 try…except、try…except…else 和 try…except…finally 形式。下面通过图 16.4 说明异常处理语句中各个子句的执行关系。

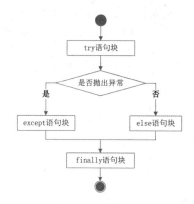

图 16.3 try…except…finally 语句执行结果

图 16.4 异常处理语句中各个子句的执行关系

16.2.4 使用 raise 语句抛出异常

如果知道某个函数或方法可能会产生异常，但不想在当前函数或方法中处理这个异常，则可以使用 raise 语句在函数或方法中抛出异常。raise 语句的语法格式如下：

```
raise [ExceptionName[(reason)]]
```

其中，ExceptionName[(reason)] 为可选参数，用于指定抛出的异常名称，以及异常信息的相关描述。如果省略该可选参数，就会把当前的错误原样抛出。

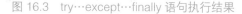 学习笔记

> ExceptionName(reason) 参数中的 (reason) 也可以省略，如果省略了 reason，则在抛出异常时，不附带任何描述信息。

例如，在执行除法运算时，在 division() 函数中实现当除数为 0 时，使用 raise 语句抛出一个 ValueError 异常，然后在最后一行语句的下方添加 except 语句处理 ValueError 异常，代码如下：

```
01  def division():
02      num1 = int(input("请输入被除数："))          # 用户输入提示
03      num2 = int(input("请输入除数："))
04      if num2 == 0:
05          raise ValueError("除数不能为 0")
06      result = num1/num2                            # 执行除法运算
07      print(result)
08  if __name__ == '__main__':
09      try:                                          # 捕获异常
10          division()                                # 调用函数
```

```
11    except ZeroDivisionError:                    # 处理异常
12        print("\n出错了：除数不能为 0！")
13    except ValueError as e:                       # 处理 ValueError 异常
14        print("输入错误：", e)                     # 输出错误原因
```

16.3 程序调试

在程序开发过程中，避免不了会出现一些错误，有语法方面的错误，也有逻辑方面的错误。对于语法方面的错误比较好检测，因为程序会直接停止，并且给出错误提示。而对于逻辑方面的错误就不太容易发现了。因为程序可能会一直执行下去，但结果是错误的。所以作为一名程序员，掌握一定的程序调试方法，可以说是一项必备的技能。

16.3.1 使用自带的 IDLE 进行程序调试

多数的集成开发工具都提供了程序调试功能。例如，我们一直使用的 IDLE 也提供了程序调试功能。使用 IDLE 进行程序调试的基本步骤如下。

（1）启动 IDLE（Python Shell），在主菜单上选择"Debug"→"Debugger"命令，将打开"Debug Control"窗口（此时该窗口是空白的），同时"Python 3.7.0 Shell"窗口中将显示"[DEBUG ON]"（表示已经处于调试状态），如图 16.5 所示。

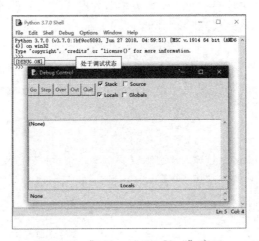

图 16.5   "Python 3.7.0 Shell"窗口

（2）在"Python 3.7.0 Shell"窗口中，选择"File"→"Open"命令，打开要调试的文件，然后添加需要的断点。

> 📖 **学习笔记**
>
> 　　断点的作用：设置断点后，当程序执行到断点时就会暂时中断执行，程序可以随时继续。

　　添加断点的方法是：在想要添加断点的代码行上右击，在弹出的快捷菜单中选择"Set Breakpoint"命令。添加断点的代码行将以黄色底纹标记，如图 16.6 所示。

> 📖 **学习笔记**
>
> 　　如果想要删除已经添加的断点，选中已经添加断点的代码行，然后右击，在弹出的快捷菜单中选择"Clear Breakpoint"命令即可。

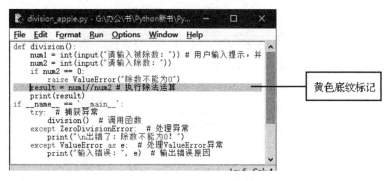

图 16.6　添加断点后的效果

　　（3）添加所需的断点后（添加断点的原则是：当程序执行到这个位置时，想要查看某些变量的值，就在这个位置添加一个断点），按"F5"键，执行程序，这时在"Debug Control"窗口中将显示程序的执行信息，勾选"Globals"复选框，将显示全局变量，默认只显示局部变量，此时的"Debug Control"窗口如图 16.7 所示。

　　（4）在如图 16.7 所示的调试工具栏中，提供了 5 个工具按钮。单击"Go"按钮执行程序，直到所设置的第一个断点为止。在示例代码"division_apple.py"文件中，由于在第一个断点之前需要获取用户的输入，所以需要先在"Python 3.7.0 Shell"窗口中输入除数和被除数。输入后，"Debug Control"窗口中的数据将发生变化，如图 16.8 所示。

> 📖 **学习笔记**
>
> ● 调试工具栏中的 5 个按钮的作用是："Go"按钮用于执行跳至断点操作；"Step"按钮用于进入要执行的函数；"Over"按钮表示单步执行；"Out"按钮表示跳出所在的函数；"Quit"按钮表示结束调试。

● 在调试过程中，如果所设置的断点处有其他函数调用，还可以单击"Step"按钮进入函数内部，当确定该函数没有问题时，可以单击"Out"按钮跳出该函数。或者在调试过程中已经发现了问题的原因，当需要进行修改时，可以直接单击"Quit"按钮结束调试。另外，如果调试的目的不是很明确（即不确认问题的位置），也可以直接单击"Over"按钮进行单步执行，这样可以清晰地观察程序的执行过程和数据的变量，方便找出问题。

图 16.7　"Debug Control"窗口

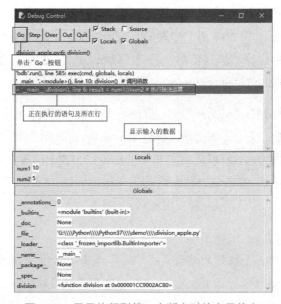

图 16.8　显示执行到第一个断点时的变量信息

（5）继续单击"Go"按钮，执行到下一个断点，查看变量的变化，直到全部断点都执行完毕为止，调试工具栏中的按钮将变为不可用状态，如图 16.9 所示。

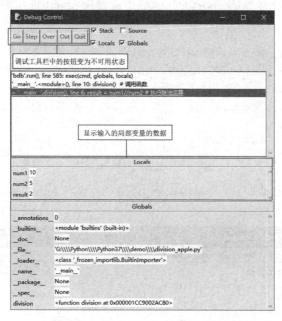

图 16.9　全部断点均执行完毕后的效果

（6）程序调试完毕后，可以关闭"Debug Control"窗口，此时在"Python 3.7.0 Shell"窗口中将显示"[DEBUG OFF]"（表示已经结束调试）。

16.3.2　使用 assert 语句调试程序

在开发程序过程中，除了使用开发工具自带的调试工具进行调试，还可以在代码中通过 print() 函数把可能出现问题的变量输出并查看，但是这种方法会产生很多垃圾信息。所以调试之后还需要将其删除，比较麻烦。所以，Python 还提供了 assert 语句用于调试程序。

assert 的中文意思是断言，它一般用于对程序某个时刻必须满足的条件进行验证。assert 语句的语法格式如下：

```
assert expression [,reason]
```

参数说明如下。

● expression：条件表达式，如果该表达式的值为 True，则表示什么都不做；如果该表达式的值为 False，则抛出 AssertionError 异常。

● **reason**：可选参数，用于对判断条件进行描述，为了以后更好地知道哪里出现了问题。

例如，在执行除法运算的 division() 函数中，使用 assert 语句调试程序，代码如下：

```
01  def division():
02      num1 = int(input("请输入被除数："))         # 用户输入提示
03      num2 = int(input("请输入除数："))
04      assert num2 != 0, "除数不能为0"            # 使用 assert 语句调试程序
05      result = num1//num2                      # 执行除法运算
06      print(result)
07  if __name__ == '__main__':
08          division()                           # 调用函数
```

运行程序，输入除数为 0，将抛出如图 16.10 所示的 "AssertionError" 异常。

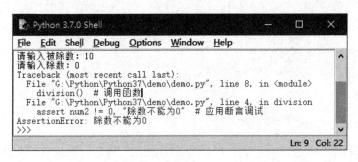

图 16.10　当除数为 0 时抛出 "AssertionError" 异常

在通常情况下，assert 语句可以和异常处理语句结合使用。所以，可以将上面代码的 08 行修改为以下内容：

```
01  try:
02      division()                              # 调用函数
03  except AssertionError as e:                 # 处理 AssertionError 异常
04      print("\n 输入有误：",e)
```

assert 语句只在调试阶段有效。我们可以通过在执行 Python 命令时加入 -O（大写）参数来关闭 assert 语句。例如，在 "命令提示符" 窗口中输入以下代码，执行 "E:\program\Python\Code" 目录下的 Demo.py 文件，即关闭 Demo.py 文件中的 assert 语句：

```
01  E:
02  cd E:\program\Python\Code
03  python -O Demo.py
```